本书获内蒙古财经大学学术专著出版基金资助

林草碳汇产品价值核算与实现的理论及实证研究

李雪敏　武振国　著

U0299392

中国财经出版传媒集团

中国财政经济出版社

·北京·

图书在版编目（CIP）数据

林草碳汇产品价值核算与实现的理论及实证研究 /
李雪敏，武振国著 . -- 北京：中国财政经济出版社，2024.12.
ISBN 978 - 7 - 5223 - 3562 - 9

Ⅰ. S718.5；S812.29；F326.25

中国国家版本馆 CIP 数据核字第 2024S37E88 号

责任编辑：樊　闽　马宇泽　　　　　　责任校对：徐艳丽
封面设计：卜建辰　　　　　　　　　　责任印制：张　健

林草碳汇产品价值核算与实现的理论及实证研究
LINCAO TANHUI CHANPIN JIAZHI HESUAN YU SHIXIAN
DE LILUN JI SHIZHENG YANJIU

中国财政经济出版社 出版

URL：http：//www.cfeph.cn
E - mail：cfeph@ cfeph.cn
（版权所有　翻印必究）

社址：北京市海淀区阜成路甲 28 号　邮政编码：100142
营销中心电话：010 - 88191522
天猫网店：中国财政经济出版社旗舰店
网址：https://zgczjjcbs.tmall.com
北京厚诚则铭印刷科技有限公司印刷　各地新华书店经销
成品尺寸：170mm×240mm　16 开　10.75 印张　170 000 字
2024 年 12 月第 1 版　2024 年 12 月北京第 1 次印刷
定价：45.00 元
ISBN 978 - 7 - 5223 - 3562 - 9
（图书出现印装问题，本社负责调换，电话：010 - 88190548）
本社图书质量投诉电话：010 - 88190744
打击盗版举报热线：010 - 88191661　QQ：2242791300

前　言

　　党的二十大以来，协同推进降碳、减污、扩绿、增长是经济社会发展的主旋律，绿色发展理念贯穿于经济社会发展全过程各方面。森林草原是陆地生态系统中最大的碳储库，林草碳汇具有生态、社会、经济等多重效益，是国际公认的优质碳减排产品，在全球应对气候变化方面发挥着独特的作用。我国森林草原资源丰富，林草碳储量巨大，据测算我国目前林草年碳汇量超过 12 亿吨二氧化碳当量，居世界首位。发展林草碳汇事业是践行习近平生态文明思想的生动实践，是开创具有中国特色碳中和之路的必然选择，同时也是我国应对气候变化履行国际承诺的重要内容。国家先后印发《关于建立健全生态产品价值实现机制的意见》《关于完整准确全面贯彻新发展理念做好碳达峰碳中和工作的意见》等政策文件，足见林草碳汇已经成为生态产品价值实现的有效载体和重要手段。因此，充分认识林草碳汇的战略地位、巩固提升林草碳汇能力、科学评估林草碳汇价值、稳妥推进林草碳汇项目开发和交易，探索林草碳汇生态价值实现路径，是我国维护发展权利和拓展发展空间的战略需要，也是人类应对气候变化和实现可持续发展的共同需要。

　　内蒙古生态资源丰富，林草碳储量巨大，是我国北方面积最大、种类最全的生态功能区，也是祖国北疆重要的生态安全屏障。努力完成习近平总书记交给内蒙古的五大任务，构筑牢不可破的生态安全屏障就要将生态保护与经济发展联系起来加以考量，既要科学规避离开经济发展抓生态保护的"缘木求鱼"和脱离生态保护搞经济发展的"竭泽而渔"；更要探索实现生态安全与经济发展融合互促，高水平推动中国式经济社会现代化发展进程的内蒙古举措。新征程上，重新审视和评价内蒙古林草生态系统与经济发展的关系，以更加积极和科学的态度推进生态环境保护建设，科学评估森林和草原生态系统增汇潜力，推进林草碳汇项目的开发与交易，拓宽林草碳汇价值实现路径，推动林草生态产品实现货币化，对于内蒙古践行"绿水青山就是金山银山"理念、筑牢我国北方生态安全屏障、推动全区经济高质量发展具有重要的理论价值和现实意义。

基于上述背景，本书以林草碳汇产品价值评估和核算为视角开展对林草碳汇产品价值实现路径的研究，在对我国林草碳汇产品交易的市场体系和存在问题分析的基础上，探索林草碳汇产品价值实现的基本逻辑和核心机制，以内蒙古作为实证研究区域对其林草碳汇价值进行评估与核算，同时借鉴我国生态产品价值实现的典型模式和经验做法，提出推进林草碳汇产品价值实现的具体路径和对策建议，研究结果旨在为内蒙古林草碳汇产品价值实现提供理论支撑和政策指导，也为全国其他地区森林或草原碳汇事业发展提供参考借鉴。

本书是作者对国家社科基金"城乡融合发展视阈下草原牧区新型城镇化机制创新研究（18CMZ038）"、内蒙古自治区社会科学基金"内蒙古林草碳汇开发和交易研究（2023AY34）"、内蒙古自治区高等学校科学研究项目"内蒙古草地生态系统服务效应多维度非线性评估研究（NJSY21267）"等课题综合研究基础上所形成的研究成果。从本书稿的设计、分章撰写到最终成稿等诸多环节均经过多次讨论和反复斟酌，书稿的顺利完成凝结了课题组成员扎实的理论功底和长期深入草原牧区的实践调查成果。其中，研究生潘越明和张耘恺全程参与了数据收集、资料整理分析、图件制作以及部分章节的文字撰写工作；研究生康晓京、范敏慧、王菲菲、商珑弋、都冠宇参与部分数据收集、资料整理和排版工作，在此对他们的辛苦付出表示衷心感谢。

本书的成稿及出版工作得到了内蒙古财经大学校领导和财政税务学院院领导的支持与帮助，也得到内蒙古财经大学科研处的大力资助，更是在中国财政经济出版社编辑同志的辛勤工作下才得以按时付梓，此外，本书在研究过程参阅了大量同仁们的研究成果，在文中和参考文献中均一一列出，在此一并表示最诚挚的谢意。

由于笔者学识有限，时间仓促，书中不足或错谬之处热忱希望得到广大读者以及各领域专家学者的批评指正。

李雪敏

甲辰年冬月十三于呼和浩特

目　录

第一章 导 论

第一节 研究背景和研究意义

林草兴则生态兴。森林和草原是陆地生态系统中主要的碳储库，对国家生态安全具有基础性和战略性作用。林草碳汇具有生态、社会、经济等多重效益，是国际公认的优质碳减排产品，在全球应对气候变化方面发挥着独特的作用。根据联合国粮食及农业组织关于全球森林资源评估结果，2020 年全球森林的碳储量约占全球植被碳储量的 77%，森林土壤的碳储量约占全球土壤碳储量的 39%，是陆地生态系统最重要的"碳库"；而草原在我国是仅次于森林的第二大碳库，我国草原碳储量占我国陆地生态系统的 16.7%，占世界草原生态系统的 8% 左右。森林、草原碳汇是低碳减排的主要实施途径之一，作为国际公认的高品质碳减缓策略，在应对全球气候变化方面具有独特且重要的影响力，也是实现我国"双碳"目标的关键路径。此外，林草生态系统提供的碳汇还具有创造就业、改善产业结构等多方面的社会和经济效用。因此，林草碳汇产品价值的实现既是人类应对全球气候变化的重要方式，也是推动经济社会与生态保护协调可持续发展的动力源泉。2021 年，我国先后出台了《关于建立健全生态产品价值实现机制的意见》《关于全面贯彻新发展理念做好碳达峰碳中和工作的意见》等政府文件，将林草碳汇作为国家生态补偿政策和生态产品价值实现的主要载体，全面演绎了"绿水青山就是金山银山"的生态经济理念。党的二十大报告提出，要积极稳妥推进碳达峰碳中和，扩大林草碳汇资源总量、提升生态系统碳汇增量、探索碳汇生态价值的实现路径、推进林草碳汇市场交易是开创具有中国特色碳中和之路的重要途径。

一、研究背景

党的二十大报告指出："尊重自然、顺应自然、保护自然，是全面建设社会主义现代化国家的内在要求。"促进人与自然和谐共生是中国式现代化的特色和本质要求，是新时代生态文明伟大变革的鲜明特征，我们要坚定不移走好人与自然和谐共生的中国式现代化之路。生态环境保护和经济发展之间是辩证统一、相辅相成的关系，良好的生态环境既是人类生存与发展的基础，也是实现经济发展的必要条件。"绿水青山就是金山银山"的理念指明了生态保护和经济发展相互促进、协同共生的新路径，保护生态环境就是保护自然价值和增值自然资本，就是保护经济社会发展的潜力和后劲。然而，自工业革命以来，全球煤炭、石油、天然气等矿物能源的大量开采和使用，使排放到大气中的二氧化碳（CO_2）浓度大大增加，打破了地球在宇宙中的吸热和散热的平衡状态，导致全球变暖，同时也给我国带来了显著影响。2007 年，联合国政府间气候变化专门委员会（IPCC）发布的第四次气候变化评估报告预测指出，从现在起至 2080 年全球平均气温预计升高 2 ~ 4℃，这将给人类的生产、生活和生存带来诸多不利影响。在全球气候危机大背景下，"碳汇"这一概念被人们越来越多地提及，林草碳汇由于成本低、潜力大、易施行、见效快的特点，已成为目前世界公认的应对气候变化最经济、最有效的间接减排方式。如何科学发展林草碳汇、准确核算碳汇量及其价值量、探索林草碳汇产品价值实现路径，是正确处理生态保护与经济发展间关系的重要环节，也是实现人与自然和谐共生的关键一步，也成为现阶段生态学、经济学等多个学科领域热议的话题。

国际上，将造林、再造林等林业活动纳入《京都议定书》的清洁发展机制，以及"RED – REDD – REDD +"的森林可持续政策演变过程，激励着发展中国家保护和建设森林、提高森林管理水平以推动森林碳汇发展、减缓气候变暖，但是关于草原碳汇发展的政策尚有所缺失。我国作为世界上最大的发展中国家和全球低碳理念的倡导者与践行者，积极应对全球气候变化问题是大国担当和使命的体现。我国以"双碳"目标为背景开展林草碳汇项目、落实"绿水青山就是金山银山"的生态发展理念，使林草碳汇成为生态补偿与生态产品价值实现的有效载体，目前发展林草碳汇已经是助力实现我国碳达峰碳中和目标和促进新时期林草高质量发展的重要路径，同时也出台了许多相关政策推进林草碳汇发展。目前，我国政策导向是推动生态保护和重大生态工程修复以提升林草碳汇能力，完善林草碳排放交易制度并争取林草碳汇能早日进入全国统一的碳排放权交易市场。内蒙古自治区作为北方重要生态屏障，深入贯彻国家"双碳"目标政策和林草碳汇发展总方针，逐步出台增加林草碳汇增量相应政策，为内蒙古森林面积增加、碳汇能力增强、碳汇价值提升提供了国家和自治区的双层政策保障，内蒙古林草碳汇发展势在必行。

内蒙古自治区富含丰富的生态资源，是我国北方面积最广、生物种类最为多样的生态功能区之一，也是祖国北疆重要的生态安全屏障。近年来，自治区各级政府出台了一系列林草碳汇建设相关政策，开展了众多生态重点工程，截至 2020 年底，内蒙古已建立各级各类自然保护区 182 个，总面积 1267.04 万公顷，其中以森林生态系统为主要保护对象的保护区 64 个，以草原生态系统为主要保护对象的保护区 17 个。根据内蒙古自治区 2021 年度林草湿与第三次全国国土调查对接融合暨林草湿调查监测成果，全区森林面积 3.57 亿亩，活立木总蓄积量 14.64 亿立方米，森林覆盖率达 20.79%；全区草原占全国草原总面积的 22%，占全区国土面积的 74%，蕴含巨大的林草碳汇量与提升潜力。为努力完成习近平总书记交给内蒙古自治区的五大任务，构筑牢不可破的北方生态安全屏障，必须将生态保护与经济发展相结合再加以考量，这意味着不仅要科学规避离开经济发展抓生态保护的"缘木求鱼"模式和脱离生态保护搞经济发展的"竭泽而渔"模式，还要探索实现生态安全与经济发展融合互促的可持续发展模式，进而高水平推动内蒙古的中国式经济社会现代化进程。新征程上，内蒙古需要重新审视和评价林草生态系统与经济发展之间的关系，科学评估森林和草原生态系统的碳汇潜力，探索林草碳汇生态产品的价值实现路径，从而促进林区和牧区实现经济振兴，以更加积极和科学的态度推进生态环境保护建设。基于此，本书以林草碳汇产品价值核算为视角开展对内蒙古林草碳汇产品价值实现路径的研究，旨在为内蒙古自治区实现林草碳汇产品价值提供理论支撑和政策指导，也为全国其他地区林草碳汇的发展提供借鉴参考，对于内蒙古践行"绿水青山就是金山银山"理念、筑牢我国北方生态安全屏障、推动全区经济高质量发展具有重要的理论价值和现实意义。

二、研究意义

林草碳汇产品的价值核算与价值实现路径不是相互独立存在的，而是存在着不可分割的密切联系，科学、准确的价值核算方法与核算结果是探索价值实现路径的重要基础与前提，而全面、广阔的价值实现路径进一步丰富与推动价值核算方法与概念的发展。目前，林草碳汇价值实现的相关研究正在逐步深化拓展，但较少与林草碳汇价值核算的实证内容相结合，更多停留在单一的、理论性的路径提出与对策分析。同时，森林碳汇价值的评估与实现问题在学界研究较为丰富，而对于草原方面的研究相对缺乏。基于此，本书以森林和草原作为研究对象，统筹将其碳汇价值核算与价值实现路径探索进行结合研究，在推动林草碳汇良性发展方面具有重要意义。

科学核算林草碳汇价值、合理规划林草碳汇价值实现路径是减缓全球气候变暖、实现我国经济绿色高质量发展的重要环节，但融合林草碳汇价值核算与实现路径探索两方面的理论和实证研究少之又少。在理论层面，林草碳汇价值核算与价值实现路径研究是建立在可持续发展理论、生态经济学理论等基础之上的，因此，开展林草碳汇价值相关研究对于深化可持续发展理论和相关经济学理论具有重要的意义，同时，该研究对于环境科学、生态学等其他领域的发展也具有推动作用。在现实层面，内蒙古作为北疆重要的生态安全屏障和典型的资源型地区，目前关于自然生态与经济发展协调可持续方面的研究相对较少，开展林草碳汇价值实现相关研究对于保护我国北疆生态安全、推动经济健康持续发展具有重要的现实意义，相关研究成果也可为全国其他地区生态与经济的绿色可持续发展提供参考和借鉴。

（一）学术意义

随着全球气候变化问题的日益严峻，碳汇产品价值核算与实现研究在多个学科领域具有深远的意义，如环境科学、生态学、经济学、社会学和地球科学等领域。在环境科学领域，碳汇可以吸收二氧化碳，延缓气候变化；在生态学上，碳汇可以促进生物群落的生长和演替，提高生态系统的稳定性和抵抗力，维护生态功能和生物的多样性；在经济学上，碳汇产品价值的核算与实现可以推动产业结构优化升级，并且通过国际碳交易市场等推动各国间的经济合作与交流，为全球气候治理提供经济动力；在社会学上，碳汇可以促进绿色低碳生活方式，推动政府、企业和公众共同参与气候治理，形成多元共治的社会结构。在地理科学上，碳汇可以促进土地改良和植被恢复，防止水土流失和荒漠化。

目前学术界对森林碳汇研究较多，对草原碳汇的研究则尚处起步阶段，本研究通过将森林碳储碳汇与草地碳储碳汇结合起来，不仅打破了以往仅对森林或草地碳汇进行的单维度研究，还是对于草原碳汇相关研究空缺的弥补。同时，本研究基于对内蒙古林草碳汇价值量的评估，提出如何实现林草碳汇开发和交易的实践路径，为推动林草碳汇项目产品价值的实现提供了案例支撑。

（二）现实意义

第一，为推动内蒙古林草碳汇产品价值实现提供政策支持。"碳达峰、碳中和"是现阶段我国社会经济转型期明确提出的重要目标，生态碳汇作为一种绿色且低成本的减排方式具有巨大潜力。森林和草原作为陆地生态系统中重要的组成部分，其碳汇经济价值对于"双碳"目标的实现具有重要意义。本研究通过对2000—2021年内蒙古林草碳汇时空格局的演变进行分析，以期针对内蒙古不同地区林草碳汇情况提出不同解决方案；同时，通过对林草碳汇产品价值实现的市场交易规制与发展现状进行分析，探讨内蒙古林草碳汇产品价值实现的具体路径并提出对应的对策和建议，助力政府精准把握内蒙古战略地位，为推动内蒙古林草碳汇产品价值实现进程提供政策支持，也为筑牢内蒙古重要生态安全屏障提供政策导向。

第二，碳汇实物量和价值量的科学核算可为内蒙古碳汇产品价值实现提供数据参考。本文通过固碳速率法对内蒙古林草碳汇实物量进行计量，再通过最优价格、碳税和造林成本对其价值量进行量化评估，以向碳汇市场提供准确可靠的参考数据，同时，所得到的有效数据还可以向投资者提供投资引导，推动资金向低碳领域流动，进而促进碳市场的健康发展与内蒙古自治区的经济生态协同发展。

第二节　相关概念

一、自然资源

自然资源，国际上通常称为"Natutral Resource"，指自然界中人类可以直接获得用于生产和生活的物质。目前国内外学者普遍认为自然资源是自然存在且能满足人类需要的物质要素，但是如果从要素和功能、地理和经济、生产和生活、经济学和管理学等不同角度出发进行定义，则现阶段的相关界定尚不统一。

在国际上，1951 年美国著名地理学家齐默尔曼在《世界资源与产业》中首次提出自然资源的概念，认为只要是能够或者被认为能够满足人类需求的整个环境或环境中的某些部分，即自然资源。联合国出版的文献中也对自然资源的含义有所解释，指出人在自然环境中发现的各种成分，只要能以任何方式为人类提供福利的都属于自然资源，这一定义扩展了自然资源的范畴，包括了更广泛的自然要素和成分。随着经济学和环境学的发展，自然资源的定义开始逐渐融入了经济价值、生态价值和社会价值等多方面的考量。1972 年，联合国环境规划署（UNEP）对自然资源的定义是在一定时间和一定条件下，能够产生经济效益以提高人类当前和未来福利的自然因素和条件。在《不列颠百科全书》中将自然资源定义为人类可以利用的自然生成物以及形成这些成分源泉的环境功能，明确将环境功能纳入自然资源的范畴中。在国内，自 20 世纪 70 年代末期，我国学者开始陆续探讨自然资源的概念内涵。1985 年，李文华与沈长江首次提出了基于资源再生过程的综合分类，将自然资源划分为耗竭性资源和非耗竭性资源，为中国自然资源多级分类奠定了基础。1986 年，于光远定义自然资源为自然界天然存在、未经人类加工的资源，并且能够参与或可能参与人类经济社会生活的特定部分，例如土地、水、生物、能量和矿物等。1989 年，牛文元将人在自然介质中可以认识、萃取和利用的一切要素及其组合体称为自然资源。1992 年，封志明认为自然资源在一定时间内可供人类利用或适宜于人类生存且能产生一定的经济价值或生态效益。2005 年，钟水映与简新华认为自然资源是不依赖人力而天然存在于自然界的有用的物质要素。2007 年，罗浩提出自然资源定义的侧重点由于经济学和管理学视角而存在差异。2015 年，袁惊柱基于定价视角分析自然资源内涵。2018 年，邱琼与施涵开始结合生态核算探讨自然资源概念。根据《辞海》，自然资源指天然存在并有利用价值的自然物，如土地、矿藏、水利、生物、气候、海洋等资源，是生产的原料来源和布局场所，一般可分为气候资源、土地资源、水资源、生物资源和矿产资源等。根据《环境科学大辞典》，自然资源是在一定的技术经济条件下，自然界中对人类有用的一切物质和能量，如土、水、气等。2020 年 1 月，自然资源部发布的《自然资源统一调查监测总体方案》沿用了 2013 年《中共中央关于全面深化改革若干重大问题的决定中自然资源的概念》，即自然资源是指天然存在、有使用价值、可提高人类当前和未来福利的自然环境因素的总和，并且基于地球系统科学理论，以管理为需求、以法理为依据，构建了"5 + 1 + N"自然资源分类理论框架，包含水、土地、气候、生物、矿产五大类自然资源。

自然资源特征方面，主要包含数量的有限性、分布的不平衡性、资源间的联系性和利用的发展性四个特征，分别指资源数量与人类社会不断增长的需求之间的矛盾性、资源数量或质量上的显著地域差异性、地区自然资源要素彼此间生态上的联系性，以及人类对于自然资源利用范围和途径的拓展性。自然资源内涵会随着社会生产力的提高和科学技术的进步发生变化，一般情况下按照自然资源的增殖性能实行分类，划分为可再生资源、可更新资源与不可再生资源，其中，可再生资源即可反复利用的资源，如气候资源、水资源、地热资源和水力等；可更新资源为可生长的资源，其更新速度受自身繁殖能力和自然环境条件的制约，如生物资源等；不可再生资源包括地质资源和半地质资源，形成周期漫长或不可再生，在利用时应尽可能避免浪费和破坏。

随着研究的渐次深入，对于自然资源的定义不再局限于传统意义上投入经济活动的自然资源部分，作为生态系统和聚居环境的环境资源也被纳入自然资源的范畴中。综合自然资源的各种定义方式，结合我国自然资源的保护与利用实践，本研究将自然资源定义为天然存在的、具有使用价值的，或者经过加工能提高人类当前或未来福利的自然环境因素总和，自然资源是一种生态产品载体。

二、生态产品

1992 年，我国学者任耀武和袁国宝最早提出生态产品的概念，将其定义为通过生态工（农）艺生产出来的没有生态滞竭的安全可靠无公害的高档产品。生态标签产品（Eco - label products）和生态系统服务（Ecosystem services）是与之相似的概念。其中，由于生态系统服务与生态产品具有同源性，因此有国内外学者认为生态产品是生态系统服务的中国化表达（Farley et al.，2010；Wunder，2015；靳诚等，2021），也有学者将局部的生态系统或提供生态系统服务的载体定义为生态产品，如原材料等产品供给服务、土地、水源等。对于生态产品的界定，目前普遍主要从价值论、功能论、形成方式、产品形态四个维度展开（陈辞，2014；黄如良，2015；王金南等，2020）。在价值论方面，主要包含使用价值和非使用价值、经济价值和非经济价值、物质性产品价值和功能性服务价值等内容；在功能论方面，包括维持生命支持系统、保障生态调节功能、维系生态安全等；在形成方式上，一般认为有以下几种：（1）通过人类有意识的行为活动而改变（或改善）形成，（2）通过清洁生产、循环利用、降耗减排等途径生产，（3）人类从自然界获取，（4）不完全由人类生产加工；在产品形态上，区分为有形和无形的产品，定义为具有一定功能的自然要素、生态服务或最终物质产品的集合等。同时，根据其表现形态、供给属性等，生态产品也被很多学者按照不同依据划分为多种类型。例如，2020 年柴志春等依据生态产品销售的空间特点和品质优势，将生态产品类型区分为市场生态产品和公共生态产品两种；潘家华通过供给属性将生态产品分为自然要素类、自然属性类、生态衍生类和生态标识类；2021 年张林波等依照生产消费特点将生态产品划分为公共性生态产品、准公共生态产品和经营性生态产品；沈辉等根据表现形态和功能具体分为生态物质产品、生态文化产品、生态服务产品；2022 年窦亚权等依据经营性质划分生态产品为公益性产品和非公益性产品两类。

生态产品是一种公共资源，一般来说，生态产品具有外部性、不可分割性和定价取决于质量三个特性。对于外部性特征，公共产品和公共资源都具有非排他性，但不同的是公共产品是非竞争性的，公共资源则具有竞争性。从竞争性的角度看，调节服务和支持服务通常属于公共产品；物质产品供给服务、文化服务往往是公共资源。但是无论是公共产品或是公共资源都具有外部性，生态产品的外部性可能会带来以下两个问题：一是公共产品的非排他性和非竞争性会带来搭便车问题，导致公共产品供给不足。二是公共资源的非排他性和竞争性会带来公共资源的过度利用，导致资源损耗、环境污染、生态退化等负外部性，即外部不经济。对于生态产品的不可分割性，生态产品或生态系统服务不能无限进行细分，并且通常情况下有一定的规模门槛，因此整体规划和统筹协调对于生态产品价值的实现具有十分重要的意义。生态产品定价取决于质量的特征，主要是由于生态产品的市场结构是差异化市场，市场竞争属于差异化竞争，而非同质产品间的数量竞争，因此生态产品质量的管理和维护在生态产品价值实现中至关重要。

三、生态产品价值实现

目前，学术界对生态产品价值实现的内涵界定存在争议，主要包含价值转化、市场交换、产品开发和利益调整等视角。从价值转化视角来看，生态产品价值实现强调生态产品不同价值之间的转化或隐性价值显性化；从价值转移视角来看，生态产品价值实现是引入市场机制挖掘自然资源内在价值的过程；从产品开发视角来看，生态产品价值实现强调通过开发利用自然资源并获得其经济价值；从利益调整视角来看，生态产品价值实现是生态保护过程中主体间利益关系的调整。

基于价值转化视角，张林波等（2021）和王晓欣等（2023）认为生态产品价值实现的实质就是生态产品的使用价值转化为交换价值的过程；刘哲等（2022）提出生态产品价值实现的核心内涵是隐性生态产品价值的显性化；孔凡斌等（2022）的观点则认为生态产品价值实现的经济学本质就是生态系统生产总值（GEP）到国内生产总值（GDP）的转化过程。基于市场交换视角，靳乐山等（2020）认为生态产品价值实现本质上是一种市场交易，是生态产品供给者在市场中发现生态产品价值并实现生态产品价值的过程；杨锐等（2020）认为生态产品价值实现是基于多源数据基础、多种技术支撑、多项政策工具保障而进行的市场化、半市场化的交易行为；高晓龙等（2020）认为生态产品价值实现是通过多种政策工具的干预真实反映生态产品的价值，通过已有或新建的交易机制进行交易，实现外部性的内部化，从而建立"绿水青山"向"金山银山"转化的长效机制；孙博文等（2021）认为生态产品价值实现的本质在于发掘自然资源优势，利用市场化的手段将资源优势转化为产品优势以实现其内在价值，进而促进生态产品价值实现。基于产品开发视角，高艳妮等（2022）认为生态产品价值实现是在生态优先的前提下，通过生态产业化和产业生态化的双向发力，实现社会经济发展新增长点的培育；林亦晴等（2023）认为生态产品价值实现是指在保证生态系统不受损害的前提下，通过建立创新政策、市场和技术机制来合理开发利用生态产品，为生态产品创造现金流，使其生态价值转化为经济效益的过程。基于利益调整视角，王会等（2022）提出生态产品价值实现的范畴是生态保护中利益主体之间利益关系的调整这一观点。

2021年4月，中共中央办公厅、国务院办公厅印发的《关于建立健全生态产品价值实现机制的意见》，提出生态产品价值实现"保护优先、合理利用"的首要原则。结合生态产品价值实现保护和利用的两个导向，根据生态产品对维持环境健康完整性、人类生存福利重要性及受威胁程度（MacDonald et al.，1999；de Groot et al.，2003），大气调节、遗传资源等生态产品的价值可视为保护优先价值，原材料、文化、娱乐等的价值可视为合理利用价值（Costanza et al.，1997）。其中，保护优先价值宜采用转移支付等价值实现方式，合理利用价值可采用市场化、产业化等方式。在条件变化时，保护优先价值与合理利用价值可相互转化。从交换价值理解，无论是保护优先还是合理利用的生态产品，其价值实现都需要将其蕴含的物质性产品价值和功能性服务价值用科学的经济价值量进行衡量。同时，有生态经济学家提出极端重要的关键自然资本价值无法用价格来衡量，即对于关键自然资本形成的生态产品进行货币价值核算是毫无意义的（Greenberg，1993）。然而，对关键自然资本形成的生态产品进行经济价值评价可以为生态补偿等保护方式提供依据，拓宽关键自然资本和生态产品的保护渠道。因此，生态产品价值实现可以理解为对生态产品进行保护与合理利用的过程，强调通过经济手段解决生态产品使用价值与价值的双向转化与环境保护问题。自然资源领域生态产品价值实现聚焦于土地、水、湿地、森林、草地、矿产、国家公园、海洋、农业资源等自然资源为载体的生态产品保护与利用过程，在自然资源载体的禀赋特征、保护利用模式等方面更具针对性。在这一过程中自然资源领域生态产品的价值通过交换价值或环境改良等方式得到体现，其中运用生态补偿、市场交易等多种方式对自然资源领域生态产品的经济价值进行支付是价值实现的主要方式，运用经济价值对自然资源领域生态产品的保护成本或利用价值进行货币化表达是其中的关键环节（Wang，2016；Ma et al.，2020）。

第三节 研究方案

一、研究思路

基于应对全球气候变暖、国家"双碳"战略实施以及内蒙古林草碳汇潜力巨大等背景，本研究对林草碳汇概念、碳汇量计量方法、价值量核算方式与碳汇交易相关的国内外研究进展进行了系统梳理，厘清外部性理论、可持续发展理论、公共物品理论及人地关系理论等相关理论基础，从目前林草碳汇产品价值实现的市场交易规制现状出发，阐述国际林草碳汇产品市场体系建设现状、我国林草碳汇产品市场体系建设实践探索，以及我国和内蒙古在林草碳汇产品价值实现中存在的问题。本研究通过分析林草碳汇产品价值实现的基本逻辑和核心机制，以其为逻辑起点说明碳汇价值量评估与核算是推动林草碳汇产品价值实现的重要条件和现实选择，进而基于市场化机制建立林草碳汇价值量核算方法体系，对内蒙古全区及各盟市的森林碳汇实物量与价值量进行核算，并分析其时空演变格局。在核算分析林草碳汇价值的基础上，提取和总结现阶段林草碳汇价值实现的典型模式，同时参考国际上对于金融支持林草碳汇产品价值实现值得借鉴的经验，提出林草碳汇产品价值实现的路径和对策建议，并对未来相关研究进行展望（见图1-1）。

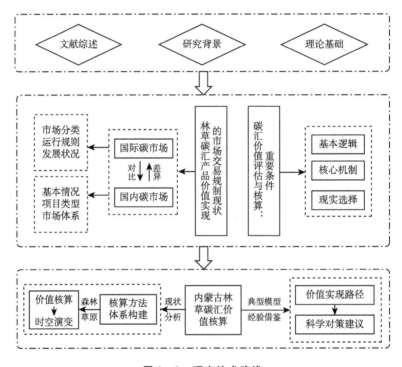

图1-1 研究技术路线

二、研究内容

本书主要研究内容共包括八章，具体结构安排如下：

第一章是导论。对本书研究的背景及意义、思路、内容、方法和创新之处进行叙述。首先以全球气候危机背景下林草碳汇相关研究成为当今研究热点的政策背景、研究范围等作为切入点，阐述林草碳汇价值研究的必要性与重要性、国内外为推动林草碳汇发展实行的行动战略与相关政策、内蒙古林草碳汇的潜力与发展空间，以及本研究的理论意义与现实意义；在研究方案部分，主要介绍本书写作思路、主要研究内容及运用的研究方法；最后对本研究的创新之处进行阐述。

第二章是文献综述与理论研究。通过阅读大量文献，归纳总结森林碳汇和草原碳汇的概念与界定、碳汇实物量计量与价值量评估、碳汇交易三个方面内容的现阶段研究成果；运用文献计量分析法，从较宏观维度把握内蒙古林草碳汇及其开发交易研究视角与核心内容的演进脉络，并利用 CiteSpace 工具进行科学知识图谱可视化分析。在梳理国内关于内蒙古林草碳汇相关研究的基础上，明晰重点研究方向，提出目前已有研究存在的问题并进行评述性小结。理论基础部分，以多学科融合为视角系统梳理林草碳汇价值及实现、生态与经济协调可持续发展等相关理论，主要包含外部性理论、可持续发展理论、公共物品理论和人地关系理论，从中分析与解释在林草碳汇价值核算与实现过程中应遵循的理论基础，为下文深入研究奠定理论基础。

第三章是林草碳汇产品价值实现的市场交易规制现状。从国际碳市场分类、国际碳市场运行规则和国际主要碳市场发展状况三个方面对国际林草碳汇产品市场体系建设现状进行阐述；梳理我国林草碳汇相关政策，基于我国林草碳汇开发基本情况、林草碳汇项目类型和林草碳汇交易市场体系归纳我国在林草碳汇产品市场体系中的实践探索；以此为基础，分析目前我国在林草碳汇产品价值实现中存在的多方面问题，为后续探索林草碳汇价值实现路径奠定基础。

第四章是碳汇价值评估与核算（林草碳汇产品价值实现的重要条件）。主要包括林草碳汇产品价值实现的基本逻辑、核心机制，以及碳汇价值量评估与核算的现实选择三部分。首先，在林草碳汇产品价值实现的基本逻辑方面，以利益相关者理论和公共治理理论为核心介绍理论逻辑，从委托代理机制和自然资源确权登记制度和保障角度明确制度逻辑，技术逻辑由核算评估技术和数字赋能技术共同支撑，实现路径则通过案例传递林草碳汇产品价值实现的详细做法和具体成效；其次，在林草碳汇产品价值实现的核心机制方面，政府主导的林草资源市场化机制将森林和草原生态价值转化为经济价值，借助市场手段兑现交换价值，最终凭借政府与市场共同主导的生态经济循环实现林草碳汇产品价值，这一部分主要从林草碳汇产品价值实现的关键要素和配套机制两方面展开叙述；最后，从国家与政府、碳汇产业链、第三方中介和社会与公众四个层面阐述碳汇价值量评估与核算的现实选择，点明林草碳汇价值核算的重要性和必要性。

第五章是林草碳汇价值量核算的实证研究。首先，介绍研究区域的概况、选择依据以及相关数据来源。其次，基于市场化机制建立林草碳汇价值量核算方法体系，运用固碳速率法计量林草碳汇实物量，通过最优价格模型、碳税法和造林成本法确定林草碳汇价格，进而完成对林草碳汇价值的科学核算。最后，在林草碳汇价值核算结果的基础上，对内蒙古林草碳汇价值的时空演变格局展开分析，为针对性制定林草碳汇价值实现路径与提出相应对策建议奠定实证基础。

第六章是林草碳汇产品价值实现的典型模式与经验借鉴。从"碳汇＋"模式、碳票模式、碳金融模式和政府生态补偿模式四个方面详细阐述现阶段林草碳汇价值实现典型模式，并运用实际案例进行介绍和分析；通过国际上对于金融支持林草碳汇产品价值实现的研究，总结出"较为成熟的碳配额分配机制""较为广泛的碳市场参与主体""较为丰富多样的碳金融产品"相关经验；结合我国实际国情与制度，提出"健全价值转化的法治、评估、认证体系""完善生态补偿制度、拓宽融资渠道"的经验借鉴。

第七章是林草碳汇产品价值实现的路径和对策建议。阐述林草碳汇项目"调研—实地调研—项目设计书提交—项目备案—项目实施与监测—项目减排量核证"六个阶段准备工作；通过交易主体、交易客体和交易平台三大市场要素对交易体系进行分析说明，从加强对林草碳汇开发与交易的宏观调控、建立绿色保障措施、打造多元化交易渠道和需求侧制度改革四个方面提出林草碳汇产品价值实现的具体路径；提出推进内蒙古林草碳汇价值实现的相关对策建议，主要包含加强林草碳汇开发交易政策保障、提升林草碳汇潜力、多维度开发林草碳汇价值和多角度拓展交易渠道四个部分内容。

第八章是研究结论与展望。总结林草碳汇产品价值实现的市场交易规制现状、林草碳汇产品价值实现的基本逻辑与核心机制、碳汇价值核算的现实选择、内蒙古林草碳汇产品价值的核算结果及时空演变格局、林草碳汇产品价值实现的典型模式与经验借鉴、林草碳汇产品价值实现的具体路径与对策建议等内容，并提出未来研究展望。

三、研究方法

（一）文献分析法

通过阅读国内外相关参考文献，对林草碳汇开发交易的市场体系建设现状、林草碳汇产品价值实现过程中面临的问题等进行分析，梳理和总结生态经济协同可持续发展、林草碳汇价值核算方法、林草碳汇价值实现典型模式等相关研究成果，明晰林草碳汇的基本概念与价值属性，提取文献中应用的相关理论和方法，从而为开展本研究奠定坚实的理论基础并明确林草碳汇价值的核算方法，以此为基础分析林草碳汇价值的时空演变格局、探索林草碳汇价值实现的具体路径，并提出相关对策建议。

（二）科学知识图谱分析法

本书在厘清综述类文献中工具与内涵关系的基础上，通过中国知网（CNKI）下载大量本研究相关文献，作为进行文献计量分析的原始数据支撑，运用科学知识图谱法（Mapping Knowledge Domains）从宏观维度把握林草碳汇研究视角、路径与核心观点演进脉络，探究林草碳汇价值相关研究的研究热点与趋势，以期对林草碳汇价值核算与实现研究体系进行客观、科学的论述。

（三）实证研究法

以地理学、生态学、经济学等多学科理论为基础，选择内蒙古自治区作为实证研究区域，通过调查与分析内蒙古林草资源情况，获取所需数据资料，核算内蒙古 2009—2018 年森林碳汇价值与 2000—2021 年草原碳汇价值，并对林草碳汇价值的时空演变格局进行分析，以探究内蒙古林草碳汇价值实现的具体路径与对策建议。

（四）计量分析法

利用统计学方法整理和汇总统计年鉴数据、森林与草地面积数据及其他相关数据，基于《陆地生态系统生产总值（GEP）核算技术指南》，运用固碳速率法、最优价格模型、碳税法和造林成本法核算内蒙古林草碳汇价值，并根据逐年核算结果分析其时空演变格局与特征，为探索林草碳汇价值实现路径提供准确可靠的数据支持，助力政府精准把握内蒙古林草碳汇发展前景、提供相应政策支持。

第四节　创新之处

本书的创新之处主要体现在以下几个方面：

第一，由于经济、人文、地理环境、宏观政策等因素，国内围绕森林碳汇的相关研究较多，且研究尺度以全国范围为主，而内蒙古作为我国北方极为重要的生态安全屏障，拥有丰富的自然资源储量和重要的地理位置，其林草资源具有重要的社会、经济和生态价值，目前相关研究却较为匮乏，亟须进行更为深入、多元与系统性的研究。本研究打破单维度对森林碳汇或草原碳汇的研究，将内蒙古森林碳汇和草原碳汇进行统筹研究，丰富了相关研究的空间尺度。

第二，现有林草碳汇研究主要从理论角度探讨林草碳汇价值的实现途径、拓宽林草碳汇价值实现路径的重要性等，却鲜有研究从已具备的林草碳汇市场交易规制等价值实现条件角度去论证林草碳汇价值实现的可行性，并对其具体路径进行探究，对于林草碳汇价值实现的前提条件即林草碳汇产品价值核算的相关研究也较少。林草碳汇产品价值实现的首要条件之一是科学核算林草碳汇实物量和价值量，纵观已有研究发现，目前仍然缺乏科学统一的核算方法，导致林草碳汇价值量难以在地区之间进行横向比较，这也是制约碳汇交易的关键因素。本研究基于外部性、可持续发展、公共物品和人地关系理论，分析林草碳汇的低成本性、容量有限性、功能多样性、空间竞争性和经营复杂性等特征，结合林草碳汇的生态、经济、社会属性和价值构成，尝试建立基于市场化机制的碳汇价值量核算方法体系，在一定程度上弥补了关于碳汇价值核算研究的不足。

第三，在林草碳汇价值核算方面，基于碳汇生产者收益最大化、外部经济因素对碳汇价格的影响、碳汇带来的收益或失去碳汇造成的损失三个视角对林草碳汇价格进行确定；在森林碳汇实物量核算中参考森林蓄积量拓展法对固碳速率法进行改进，以弥补传统固碳速率法对于林下植物固碳能力的忽略，相比已有相关核算研究，本研究在整个林草碳汇价值核算过程中，考虑的因素更加全面，是对现有林草碳汇核算成果的重要补充。在林草碳汇价值实现路径探索方面，对林草碳汇产品价值实现的市场交易规制现状、林草碳汇价值实现的基本逻辑和核心机制进行分析，提取总结林草碳汇价值实现的典型模式，参考国际上对于金融支持林草碳汇产品价值实现值得借鉴的经验，提出林草碳汇产品价值实现的路径和对策建议，相比以往研究具备更加科学、合理、充分的理论基础与实证依据。

第五节　本章小结

本章属于导论部分。主要介绍了本书的研究背景及意义，明确界定研究的对象和范围，并在此基础上对本书的研究思路、研究内容、研究方法进行阐述，并提出所具有的创新之处。

第二章　文献综述与理论研究

我国是全球覆盖温室气体排放量最大的市场，碳交易市场已顺利完成两个履约周期，碳市场和碳交易是林草碳汇产品价值实现的重要途径，近年来受到社会各界的广泛关注。截至 2021 年 6 月，碳累积成交额已超过 4.8 亿吨二氧化碳当量，总成交额已超过 114 亿港元。我国碳交易市场重启后，首日成交额超过了 410.4 万吨。截至 2021 年底，中国国家能源减排信息交易平台共发布 1054 项已审核项目，我国碳交易正处于稳步发展阶段。近年来，我国林草覆盖面积和质量持续提升，对碳汇功能的贡献日益突出。然而，碳汇计量和监测方法的多样性导致了林草碳汇量和碳汇价值无法得到准确核算，从而影响了我国在国际碳市场和全球气候变化应对中的地位。

第一节　国内外研究进展

一、国内外研究现状

（一）森林碳汇和草原碳汇的概念与界定

自《京都议定书》指出森林碳汇在应对气候变化中的关键性意义，全球社会对森林碳汇减排问题的关注日渐提高。森林碳汇项目开发及其市场交易等有关问题引起社会高度重视，各地政府相继出台相关优惠政策和规章制度以提升森林碳汇能力。然而，学术界对于森林碳汇概念的界定尚未达成统一共识。目前，对于碳汇的解释主要包括以下几个方面：多数观点将森林吸收并贮存二氧化碳的能力视为碳汇。森林作为陆地生态系统的核心组成部分，在其生命周期内能够吸收并贮存大量的二氧化碳。然而，一旦森林被砍伐或遭到破坏，其贮存的二氧化碳将被释放，因此森林也可被视为碳源；另一些观点则认为，在陆地生态系统中，碳汇与碳源是相对应的。当森林碳库中的碳排放到大气中时，森林被视为碳源；而当森林吸收二氧化碳并将其贮存在碳库中时，则被视为碳汇；还有观点则是根据《气候变化框架公约》中的定义，将清除大气中二氧化碳的过程或活动称之为碳汇。在国内相关研究中，为了准确定义可用于碳交易的森林碳汇，学者们开始引入林业碳汇概念，目前对于林业碳汇较为明确的界定是通过实施造林、再造林、森林管理以及减少毁林等措施从大气中吸收二氧化碳，并结合碳汇交易的过程、活动或机制。

学术界目前对草原碳汇的概念相对统一，主要指草原植物通过光合作用吸收大气中的二氧化碳，即草原生态系统中的碳储量和碳吸收能力。例如，张文娟、金欢欢和哈斯巴根将草原碳汇定义为草原植物吸收大气中的二氧化碳并将其固定在植被或土壤中，以减少大气中该气体的浓度。白莹和伊雪娜认为草原碳汇是指植被降低大气中二氧化碳浓度的过程、活动或机制。

（二）碳汇量计量方法

碳汇价值核算目前是学术界研究的热点，目前对于碳汇价值的核算方法除了传统的市场法、收益法、成本法外，还有样地清查法、模型模拟法、碳同化反演法、微气象学方法和遥感判读法等方法。

1876 年，Ebermeyer 开展对森林木材重量和枝叶凋零物的实际数据调查，这标志着森林生物量研究的开端。之后 1929—1953 年，瑞士学者 Bruger 展开对木材产量与树叶生物量相关关系的研究。为了推动森林碳储量的研究，部分林业发达国家启动了许多研究项目：如美国的 BigFoot 项目、美国碳循环研究计划（CCSP）、国际科联（ICSU）组织的地圈生物圈计划（IGBP），以及加拿大、德国和瑞典等国的碳循环研究。传统的清查法包括平均生物量法、换算因子法和换算因子连续函数法，但由于实测资料取样点较少，测量结果缺乏普适性，存在较大误差。在此背景下，1984 年，Brownh 和 Lugo 提出了生物量换算因子法，利用木材材积比值的平均数或某一类型森林的生物量与该类型森林的总蓄积量相乘，以此估算森林的总生物量。1996 年，方精云等首次应用生物量转换因子法，结合野外调查数据，估算了中国不同地域的生物量和蓄积量，开创我国森林碳储量研究由样地向区域尺度的推算转换。2000 年，刘国华等结合中国森林资源清查资料，利用生物量转换因子法对我国近 20 年来的森林碳储量进行推算。2001 年，方精云等人基于 1949—1998 年的中国森林资源清查数据并结合实测数据，采用改进的生物量转换因子法对当年中国森林碳储量进行估算，并提出生物量转换因子连续函数法。该方法通过改进转换因子方面的模型简化了计算公式，弥补了传统方法中估算偏差较大的缺陷，使得对区域碳汇的估算更加精确，并在国际上得到了广泛应用和认可。如马琪等应用此方法对陕西省森林植被碳储量进行了估算，并分析了碳密度及其空间分布特征与区域生态功能的关系；曹扬等也利用该方法对陕西省 2009 年森林植被碳贮量、碳密度及其地理分布特征进行研究；Guo 等补充调查了中国主要森林类型并对方法的参数进行改进；曹吉鑫等验证数据表明改进后的方法对于估算中国森林生物量和碳储量具有更高的精度。然而，尽管该方法在提高精度方面取得了一定成就，但其模型单一的线性回归模型依然存在争议。

遥感判读法是一种常用的方法，其基于遥感数据能够对森林碳汇总量进行估算。遥感即 "remote sensing"，在科学上被理解为在遥远地方感知目标物的信息，并通过对信息的分析研究确定目标物的属性及其相关关系，以此实现无须直接接触对目标进行识别。遥感技术的概念由美国学者布鲁伊特于 1960 年提出并在 1962 年密执安大学会议上确立。遥感技术的发展经历了常规航空摄影、航空遥感和航天遥感三个阶段。森林碳汇遥感判读法利用遥感数据，如遥感图像、地形图、森林资源分布图、林相图以及数字高程模型（DEM）等核算森林碳储量。在该方法中，遥感技术以植被的分辨率为基础，结合植被分类系统反映目标区域的现状植被情况，从而便于进一步查询、检索和应用植被数据库。高琛等指出该方法提高了森林碳汇测量的精确度，减少了人工工作的强度并扩大了可测量的覆盖范围。

（三）碳汇价值核算及碳汇交易

纵观国内外学术研究，相关学者围绕森林和草原的碳汇量计量、增汇成本、碳汇价值、碳汇交易等层面开展静态和动态相结合的研究。在碳储量研究上，Dixon 运用纬度划分的方法估计全球森林植被和土壤的碳储量，一些学者分别基于碳平衡和陆地碳储量角度测量了中国草原碳储量以及末次冰期陆地碳储存。全球林业碳汇潜力核算始于 20 世纪 80 年代末，以减少毁林、造林和再造林活动产生碳汇量为研究重点；我国学者徐冰等根据森林清查数据，预测了 2000—2005 年自然生长状况下中国森林生物量碳库，并指出我国森林碳汇具有较大潜力，成本有效性是减缓气候变化策略选择首先要考虑的问题。Sedjo 和 Solomon 最早提出通过造林获得森林碳汇以抵消碳排放的构想，Torres 等的实证研究显示林业碳汇成本曲线可能呈现"U"形；我国对于森林成本效益研究主要集中在解决实际问题上，例如针对退耕还林工程和天然保护工程等的成本效益进行探讨，许多学者采用造林工程成本法、土地利用机会成本法以及局部均衡模型分析法等方法核算森林碳汇的成本。随着社会经济不断发展，林草碳汇产品价值实现和碳汇交易逐渐成为学者关注的主要问题，一类研究主要通过科学方法核算林草碳汇的市场价值，强调开展林草碳汇交易可充分发挥林草碳汇的市场价值；另一类研究主要探讨如何开展林草碳汇交易。Nicola Durrant 从碳汇、碳汇权和碳汇交易三个层面阐述了成立统一碳市场的必要性并提出构建碳市场的对策，美国学者 Raymond Heimer 指出在开发新的林业资源的同时，应引入国内温室气体排放权"限额交易"制度，Alexandra B. Klass 和 Elizabeth J. Wilson 提出要用法律的方式来规定碳汇交易双方应承担的义务和享有的权利，刘玉兴在对我国林业碳汇交易现状进行分析的基础上，提出我国推进林业碳汇交易发展应建设完善的环境制度和构建碳汇金融体系。许多学者就林草碳汇交易指出我国林草碳汇市场交易体系构建中存在的问题，如林草碳汇交易程序复杂、产权不明晰、缺乏统一的定价方法体系、碳汇交易合同属性不明确、碳汇项目方法学不足、资金不够充足、配额交易开展瓶颈、人才储备薄弱等。

二、基于内蒙古碳汇的研究现状

内蒙古作为我国重要的能源和战略资源基地，其能源和原材料工业占比较高，能源消费和碳排放量较大。然而内蒙古拥有丰富的自然资源，尤其是森林和草原资源，2020 年数据显示内蒙古的森林面积达到 3.92 亿亩，天然草原面积为 13.2 亿亩，均位居全国之首。同时，全区森林植被总碳储量达到 8.77 亿吨，而草原土壤总碳储量和草原植被地下总碳储量分别为 86.2 亿吨和 4.4 亿吨。丰富的生态碳汇资源为内蒙古提供了巨大的发展潜力。因此，积极开发和推进内蒙古的林草碳汇资源，促进林草碳汇健康交易，不仅可以有效促进林草经济、社会和生态效益的发挥，也是实现"双碳"目标的重要战略举措。

利用 CNKI 的中国学术期刊对期刊论文以"碳汇""交易""内蒙古"为检索词，考虑文献权威性，对中国知网期刊库内 SCI、EI、CSSCI（含扩展版）等核心期刊进行搜索追踪，获得 233 篇文献（不包含学术会议、报纸、科技成果）作为计量分析的数据来源。通过对相关文献进行初步年度分布统计分析发现，从 1996 年我国学者开始开展林业碳汇相关研究，但鲜有文章围绕内蒙古碳汇进行探索。直到 2006 年内蒙古林业碳汇资源才被有关学者关注，2009—2011 年有关内蒙古碳汇研究的载文量总体呈现显著的阶段性增加特征，2012—2015 年为快速增长阶段，2016—2022 年呈现基本稳定增长阶段。利用科学知识图谱可视化对研究热点及趋势分析，关键词共现图谱反映出碳汇开发、交易相关文献涉及领域比较广，以系统性视角对内蒙古林草碳汇与"双碳"目标和生态文明建设进行统筹研究，重点关注内蒙古林草碳汇潜力核算、林草固碳量核算等问题，并在此基础上积极探索林草碳汇价值、林草碳交易实现等可行性方法和路径。总体看来，如何提升内蒙古林草碳汇能力、核算林草碳汇价值量、构建碳排放权交易市场以及促进碳指标流动成为该领域研究的主要目标。通过对聚类信息进一步整理，从包含的节点数来看，最多的是"碳中和""碳汇"聚类标签，说明"双碳"目标是内蒙古林草碳汇产品价值实现领域关注的重点问题，同很多关键词有密切联系，其中"碳中和""碳排放""碳市场""碳账户"关系最为密切；最少的是"天然林保护工程"，主要原因是该主题研究成果较少，难以与其他主题形成广泛联系。从紧密程度来看，最紧密的聚类是"碳汇"，该聚类中包含"草原碳汇""林业碳汇"等关键词，说明在内蒙古碳汇产品价值实现的主题下，草原和森林是备受关注的主要生态资源，也从侧面反映出"双碳"目标背景下内蒙古大力开展林草碳汇开

发与交易，促成林草碳汇产品价值实现，可以为促进地区经济高质量发展
提供新路径（见图 2 −1、图 2 −2）。

图 2 −1　关键词图谱

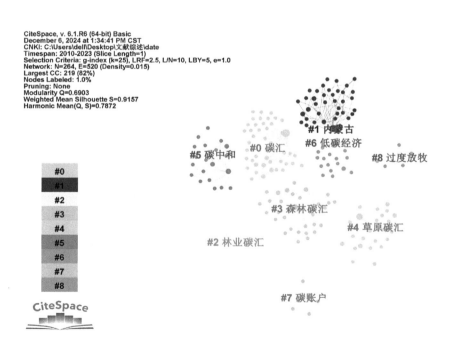

图 2 −2　聚类图谱

进一步对文献加以分析发现，相关学者对内蒙古森林碳汇、草原碳汇在理论与实证上做了有益的探讨，研究主要集中于内蒙古森林和草原碳汇潜力评价与碳抵消效果、内蒙古碳排放现状和林草增汇对策、内蒙古草原碳汇项目发展、林草碳汇价值实现和交易框架构建。我国部分学者虽从不同层面尝试探讨内蒙古林草碳汇这一主题，但大多集中于林草碳汇的重要性、林草碳汇现状和发展潜力的研究，对内蒙古林草碳汇产品的价值实现的可行性路径缺乏深入研究。

三、研究评述

综上所述，国内外学者围绕林草碳汇这一主题从不同层面开展大量研究，作为生态增汇实现"双碳"目标的潜在路径，林草碳汇的已有研究为促进林草碳汇产品价值实现奠定了扎实的理论基础。相关学者围绕林草碳汇产品价值实现也均提出了很多具有建设性的指导和具体的建议，从推进碳汇交易立法，布局碳排放交易市场争得主动权，统一林草碳汇交易平台到完善市场监管体系等。国内外在核算碳汇方面已形成一系列比较完善的方法，为本书奠定了坚实的方法基础，然而，已有文献仍缺乏从已具备的林草碳汇产品价值实现条件的角度去论证碳汇交易可行性的深入研究，这是当前碳汇产品价值实现的瓶颈，也是今后的研究重点。基于此，本课题尝试从林草碳汇价值量核算方法体系构建的角度探索内蒙古林草碳汇产品价值实现的具体路径，为自治区逐步推进林草碳汇相关工作提供思路。

第二节　理论基础

一、外部性理论

外部性（Externality）是指在缺乏任何相关交易的情况下，一方承受由另一方导致的后果。经济学的含义是：个人的效用除了取决于自己之外，还受到别人的影响，并且这种作用无法被自己所掌控。换句话说，个人的福祉不但依赖于自己的行为，也依赖于他人的行为。外部性可以分为两种：外部收益和外部成本，即正外部性和负外部性，其中外部成本或负的外部经济是指一些人的生产或消费造成了其他人的损失，而前者没有对其进行补偿，外部收益或正的外部经济是指一些人的生产和消费有利于其他人，而前者却不能向后者收费。

20 世纪 50 年代以来，由于全球经济发展中外部性问题，尤其是环境外部性问题日趋突出，西方经济学家对其进行了新的诠释：首先从不可分性这一概念出发，对环境外部性进行了阐释。奥尔森认为任何个人都不可能排他性的消费公共产品，即外部性具有不可分割性，因为大多数的环境要素和资源都是公共品，在利用过程中不可避免地会出现"搭便车"行为，而使用者往往不愿如实地表示出他们的主观需要，这为生产者需求曲线的确定带来了困难，从而形成了外部性；其次是对环境的外部性进行非竞争性的分析。认为环境是一种公共物品，而公共物品最大的特点是非竞争性，即某一个人的消费不会阻碍他人的消费，所以环境的非竞争性是造成环境污染、资源枯竭等问题的根本原因。

林草碳汇产品是一种典型的公共外部经济，只要森林资源拥有者或经营者进行植树种草或林草保护和管理工作，植被就将自动吸收并固定二氧化碳，而林草资源拥有者并不能因此获得任何报酬。林草碳汇具有正外部性，因为碳汇不仅可以带来经济利益，还具有重要的生态服务功能。外部效应内在化是指通过政府干预、补贴或产权交易使外部效应得以矫正，使资源配置的效率得以提高，实质上就是外部效应的边际价值被定价。林草碳汇产品的价值实现可以通过构建完善的市场体系使其外部效应内在化，在林草碳汇资源使用中引入市场开发交易机制，通过完善市场机制使外部效应内部化来治理外部性，因此外部性理论为本研究奠定了重要的理论基石。

二、可持续发展理论

可持续发展（Sustainable development）概念的明确提出，最早可以追溯到 1980 年由世界自然保护联盟（IUCN），联合国环境规划署（UNEP），野生动物基金会（WWF）共同发表的《世界自然资源保护大纲》（WCS），该文件的目的是促使各国通过保护生物资源的途径尽快实现自然资源的永续利用。1981 年美国布朗（Lester R. Brown）出版《建设一个可持续发展的社会》一书，书中建议通过控制人口增长、保护资源基础和发展可再生能源，从而达到可持续发展的目的。1987 年，由布伦兰特夫人领导的世界环境和发展委员会（WCED）出版了一份题为《我们共同的未来》的报告。这份报告正式采用了可持续发展这一概念，并对其进行了较为系统的论述，可持续发展被定义为："能满足当代人的需要，又不对后代人满足其需要的能力构成危害的发展"。涵盖范围包括国际、区域、地方及特定界别的层面，将单纯考虑环境保护向环境保护与人类发展切实结合的方向引导，实现了可持续发展思想的重要飞跃。1992 年 6 月，在里约热内卢召开的世界环境与发展大会上通过了以可持续发展政策为内容的多份文件，包括《里约环境与发展宣言》《21 世纪议程》等。2015 年由联合国《改革我们的世界：2030 年可持续发展议程》中提出 169 条可持续发展任务，为维护国际环境安全奠定基础，发展林草碳汇，改变林草经营模式，积极探索一条既恢复生态又促进民生，同时支撑经济社会良性发展，推动林草经济和社会环境绿色协同的可持续发展道路。碳汇交易是一种基于市场机制的碳排放权交易机制，以"碳排放权"为基础通过市场机制以应对全球变暖。我国率先推出碳交易市场，允许企业参与碳排放交易以实现碳收支平衡。

三、公共物品理论

公共物品理论又称为公共产品理论，最早由萨缪尔逊在其著作《公共支出的纯粹理论》中提出。萨缪尔逊于 1954 年和 1955 年分别出版了《公共支出的纯粹理论》和《公共支出理论的图式探讨》，初步阐述了公共物品理论的核心问题，并在《纯公共支出理论》一文中对其概念进行界定，将公共物品视为一种商品，即每个人的消费不会影响其他消费者对该商品的消费。这一定义主要针对纯公共物品的经济特性而言。布坎南在 1965 年的《俱乐部经济学理论》中首次讨论了非纯性公共物品（准公共物品），扩大了公共物品的内涵。他指出任何由集体或社团决定，由集体组织提供的商品或服务即为公共物品。同时，贝冢在同年首次引入公共产品要素的概念。另外，1973年桑得莫发表了《公共产品与消费技术》一文，重点从消费技术的角度研究了混合产品（准公共产品）。在20世纪70年代后期以及之后的发展中，公共产品理论的研究重点主要集中在设计机制上，以确保公共产品的决策者提供的效率原则得以实现。

公共产品在广义上具有四个显著特点，即非排他性、非竞争性、外部性和外部效用性。根据这些特征，公共产品可进一步分为纯公共物品和准公共物品。纯公共物品表现出明显的非排他性与非竞争性，而准公共物品在这两个方面的特性相对有限。在实际生活中，准公共物品的种类较为丰富，但纯公共物品相对较少。由于陆地生态系统具有非排他性与非竞争性的特点，生态系统服务因此被归类为典型的公共物品。例如，空气的清新、水源的洁净、食品的卫生、生物的多样性以及水源的涵养等，均展现明显的公共物品属性。如果人类不合理地开发和利用陆地生态系统，其为人类提供各种服务的能力将受到影响，进而影响人类的福祉。然而，由于生态系统服务的不可排他性，使其在市场中难以实现交易，而现有市场机制也难以提供或保护这些服务，从而导致市场供给的"无效率"问题。

林草碳汇呈现出明显的公共物品属性，一方面，林草碳汇具有非排他性，不仅林草经营者可利用林草碳汇功能，其他群体（如控排企业）也可以利用林草碳汇功能，林草经营者无法通过个体行为限制或排斥其他群体消费林草碳汇；另一方面，由于林草碳汇具有公共性质，其消费权为整个社会所共有，个人的消费并不排斥或阻碍他人的消费，因此，林草碳汇具有典型的公共物品属性。由于林草碳汇既具有森林草原产品的自然属性，又具有商品的经济性质，因此碳汇是有价值的稀缺资源，但由于其具有公共物品的属性，有效需求不足也是我国碳汇市场不可避免的问题。

四、人地关系理论

人地关系理论（theory of man–land relationship）是从人们生产、生活过程中所得到的对环境的认识，包括了中国的"天命论""人定胜天"，以及西方的"环境决定论""生态论""环境感知""文化决定论""和谐论"等概念。人地关系理论的发展历程是从一开始自然环境决定人类活动，到后来的人类活动决定自然环境，最后变成了人与自然和谐相处。人地关系理论以人地关系协调为中心，将人与自然的相互依存和相互作用作为研究对象，基本内涵可分为三个层面：一是基本层面，人口和土地的范围；二是中间层面，即人口与资源、人力、土地等资源之间的关系，这一层面的关键因素是人口承载力；三是以人地结合为基础，从人口、经济、社会和自然环境等多个维度进行研究。

随着人类社会经济的发展，人地关系理论的内涵和相关研究也在不断深化，可持续发展思想不仅是对人地关系现状的阐述，也是人地关系理论发展的目标，林草碳汇不仅可以吸收二氧化碳降低大气中温室气体的含量，还可以为很多生物提供食物和栖息地，有利于维持生态系统和生物多样性的稳定，建立人与自然的友好共生关系。同时森林和草原生态系统可以为人类提供可持续的物质资源，如食物、药物、木材和水源，为人类社会的健康与福祉作出重要贡献。林草碳汇产品的开发与价值实现有利于碳市场和碳抵消机制的进一步发展壮大，助力推动地区经济的转型和高质量发展。

第三节 本章小结

本章从文献综述和理论基础两个方面展开分析和论述，为下文研究奠定基础。首先，深入探索国内外研究进展，由已有文献可知国内外学者对森林碳汇和草原碳汇的概念与界定、碳汇量计量方法以及碳汇价值核算及碳汇交易三个方面已开展大量理论与应用研究，并形成较为丰富的研究成果；运用文献计量分析法，从较宏观维度把握内蒙古林草碳汇及其价值实现等研究视角与核心内容的演进脉络，借助 CiteSpace 工具以"内蒙古碳汇""交易""价值实现"为关键词对科学知识图谱进行可视化分析，发现国内关于内蒙古林草碳汇的相关研究大多集中于林草碳汇的重要性、林草碳汇现状和发展潜力的研究，对内蒙古林草碳汇产品价值实现的可行性路径缺乏深入研究。因此，本书尝试从林草碳汇价值量核算方法体系构建的角度探索内蒙古林草碳汇产品价值实现的具体路径，为自治区逐步推进生态产品价值实现工作提供思路。

其次，以多学科融合为研究视角，系统地梳理和分析林草碳汇价值及实现生态与经济协调可持续发展等相关理论，具体包括外部性理论、可持续发展理论、公共物品理论和人地关系理论，这些理论的分析支撑本文后续以价值核算为视角开展的内蒙古林草碳汇产品开发与价值实现的相关研究。

第三章 林草碳汇产品价值实现的市场交易规制现状

气候问题对于全球的挑战渐趋严峻，在《京都议定书》《巴黎协定》等国际性公约的框架下，共 127 个国家承诺在本世纪中叶实现碳中和。中国作为碳排放大国，积极回应与承诺通过主动减少碳排放以应对气候挑战。"碳达峰、碳中和"是现阶段我国社会经济转型期明确提出的重要目标，目前我国已经开展了一系列直接针对气候问题及减排行动的政策，其中最重要且具有长远意义的一项措施，必然是搭建并完善全国性的碳交易市场。在这一背景下，中国于 2021 年正式启动全国性的碳排放权交易市场，这一举措不仅标志着我国在应对气候变化方面的坚定决心，也预示着森林碳汇与草原碳汇市场将迎来前所未有的发展机遇。

第一节 国际林草碳汇产品市场体系建设现状

一、国际碳市场分类

根据交易对象的不同，碳市场可划分为以配额为基础的碳市场和以项目为基础的碳市场。在配额碳市场中，交易对象是碳配额，由于"限额交易"体系的建立，其交易量会受到总量的限制，该市场主要针对高排放企业，独立第三方在碳减排中的角色相对较小；以项目为基础的碳市场以碳信用为主要交易对象，根据每个项目产生的碳汇量进行交易，不限制高排放企业的参与，并且独立第三方在核准基线可信度和碳汇方面具有重要作用。根据交易动机的差异，碳市场可划分为强制性履约市场和自愿性减排市场。在强制性履约市场中，成员国或相关企业被要求履行国际社会对碳排放的强制减排义务；而自愿性减排市场允许参与主体根据自身情况自主决定是否承担减排任务。此外，根据交易标的的不同，碳市场还可分为碳现货交易市场和碳衍生品交易市场。在碳现货交易市场中，碳汇产品与产权转让可以同步进行，类似于一般商品的交易；碳衍生品交易市场则是碳现货市场的交易范围有所拓展，能够通过金融衍生产品的规定对碳排放量进行资产重组，随后进行交易。

二、国际碳市场运行规则

各国政府或监管机构根据国际气候协议（如《巴黎协定》）或国内法规设定国家温室气体排放目标，对于碳排放交易市场，将向参与者分配一定数量的碳排放许可证（碳配额），企业能够在市场上自由买卖碳排放许可证或其他碳单位，交易通常在监管机构设定的交易平台或公开市场完成。对于碳税市场，政府会征收一定的碳税，企业需要根据自身碳排放量支付相应的税款，碳税税率通常与碳排放量成正比。在该市场中，企业通常需要定期向监管机构报告其碳排放数据并接受核查，以确保相关数据的准确性，进而保证碳交易市场的透明度与合规性。

三、国际主要碳市场发展状况

全球范围内碳交易体系迅速发展，但尚未形成统一碳市场。1997 年，全球 100 余个国家签署《京都议定书》，不仅是对发达国家减排责任的明确，还提供了三种灵活减排机制，其中最具代表性的是碳排放权交易。据 ICAP 报告，自《京都议定书》生效后，各国及地区纷纷开始建立区域内的碳交易体系以实现碳减排承诺目标，2005—2015 年建成遍布四大洲的 17 个碳交易体系，与 2005 年欧盟碳交易启动时相比，近一年碳排放权交易覆盖的碳排放量占比高出 2 倍多。目前，约有 38 个国家级司法管辖区和 24 个州、地区或城市正在运行碳交易市场，这些区域 GDP 总量约占全球 GDP 总量的 54%，人口总数约占全球人口的 1/3。当前世界上 24 个正在运行的碳交易系统已覆盖全球温室气体排放量的 16%，此外还有 8 个碳交易体系正在筹备中。在欧洲，欧盟碳市场已成为全球规模最大的碳市场，是碳交易体系的领跑者；在北美洲，美国率先开展了排污权交易，但受政治因素影响，至今仍未建立起统一的碳排放交易制度，这也导致目前我国多个地区的碳排放交易系统同时存在且覆盖面不广；在亚洲地区，韩国率先推出全国统一的碳排放交易市场，并获得了迅速发展，目前已成为全球第二大国家级碳市场；中国也实施了全国统一的碳交易市场，但各方面仍在发展建设中；在大洋洲，澳大利亚是早期实施碳交易的国家之一，但目前已基本退出碳交易舞台，仅新西兰仍在进行碳交易相关活动，经过调整，新西兰的碳排放权交易体系已逐渐回到稳定发展的轨道上。截至目前，尚未形成全球范围内统一的碳交易市场，但是不同碳市场之间已经开始尝试链接。例如，2014 年，美国加州和加拿大魁北克成功实现碳市场对接，并于2018 年又与加拿大安大略进行对接；2016 年，日本东京与琦玉市的碳贸易体系成功对接；2020 年，欧洲与瑞士的碳交易市场实现对接。

（一）欧盟碳排放交易体系（EU ETS）

欧盟碳排放交易体系成立于 2005 年，是全球最具规模，最为成熟的碳交易体系。在 2009 年全球 1440 亿美元的碳交易额中，欧盟市场的碳交易已占到 1180 亿美元。欧盟碳排放交易体系的交易机制与《京都议定书》中温室气体排放权交易机制保持一致，在国际交易市场中具有示范作用。欧盟碳排放交易体系的交易对象主要包含碳排放量较大、能耗较高的能源企业及部分工业企业（如电力工业、钢铁业、制造业等），目前已扩充到航空业和硝酸制造业。欧盟碳排放交易体系的交易范围刚开始仅局限于欧盟成员国内部，但是目前已从欧盟 27 个成员国扩充到爱尔兰、列支敦士登和挪威。2008—2012 年，欧盟碳排放交易体系的承诺排放量目标为 20.86 亿吨二氧化碳当量，与 2005 年第一交易期相比降低了 6.5%。其中，配额的 90% 通过免费分配获得、10% 通过竞拍形式获得，同时对于超出配额的企业，每超出 1 吨将处以 100 欧元的罚款，另外第二交易期的碳配额可转入下一交易期，即可跨期储存，但不可跨期借贷。

2009 年，欧盟碳排放总量为 18.87 亿吨二氧化碳当量，相比 2008 年下降了 11%。尽管碳市场需求弹性较大，但碳价格波动相对稳定，反映出欧盟交易商看好未来稀缺的碳资源，逐步为碳排放额实行不免费机制奠定基础。2013—2020 年为后京都阶段，欧盟的碳减排目标在 1990 年碳排放量的基础上减少 20%，同时增加所覆盖的行业，新增航空航运业、石油化工业、制氨业和制铝业。随着欧盟非成员国加入欧盟碳排放交易体系，其配额在非成员国中也开始进行分配。2013 年，免费分配配额比例为 50%，其余 50% 则通过拍卖获得；2020 年，免费分配配额比例下降至 25%，拍卖获取比例上升为 75%；配额拍卖比例为 100% 的模式正在逐步形成，但个别特殊行业仍可获得免费配额分配。

（二）美国碳排放交易体系（USA ETS）

美国作为全球最发达国家之一，其碳排放交易体系的发展对全球温室气体排放治理进程具有直接而深远的影响。美国在推动全球气候变暖问题上发挥了重要作用，促成《联合国气候变化框架公约》等国际协议的制定，为全球共同解决气候变化问题作出重要贡献。芝加哥交易所是美国的一家重要交易机构，于 2003 年成立，其分支机构在全球范围内建立，对于壮大全球碳金融市场起到了积极的推动作用。在交易机制方面，芝加哥交易所提供碳交易金融合约，每一份碳金融合约代表着 100 吨二氧化碳当量，其交易产品由交易指标和补偿量构成，交易指标根据会员各自的基准线和交易所制定的减排时间表进行分配，补偿量则源自补偿项目。

（三）日本自愿排放交易体系（JV ETS）

2005 年 5 月，日本环境省发起了日本自愿排放交易体系（JV ETS），该体系的运行为后期日本排放权交易体系的建立奠定了经验基础。2008 年 10 月，日本国内排放交易综合市场正式实施，其碳信用额度参考《京都议定书》机制。2010 年 4 月，东京都限额交易体系正式启动，是亚洲第一个强制性限额交易体系，也是全球首个为商业行业设定减排目标的限额交易体系。

第二节　我国林草碳汇产品市场体系实践探索

应对全球气候变化已经成为世界一大鲜明的时代主题，我国作为世界上最大的发展中国家和全球低碳理念的倡导者与践行者，积极应对全球气候变化问题体现了我国的大国担当和使命，而林草碳汇正是应对气候风险、实现我国双碳目标的重要助推剂。在"双碳"目标背景下，我国于2021年启动全国碳市场，林草碳汇开发与交易相关政策随之应运而生。表 3 - 1 列举了国家层面关于林草碳汇开发交易以及林草碳汇产品价值实现的相关政策，目前我国政策导向是推动生态保护和重大生态工程修复，提升林草碳汇的能力，完善林草碳排放交易制度，争取林草碳汇早日进入全国统一碳排放权交易市场。

表 3 - 1　　　　　　　　国家关于林草碳汇的相关政策梳理

相关政策	发布时间	重点举措
《清洁发展机制项目运行管理办法》（国公报〔2006〕26 号）	2006 年	明确 CDM（清洁发展机制）在中国的许可条件，管理方式和实施程序。
《中国应对气候变化国家方案》（国发〔2007〕17 号）	2007 年	通过植树造林等工程增加森林资源林业碳汇；完善促进 CDM 在中国的有序开展。
《国务院办公厅关于进一步推进三北防护林体系建设的意见》（国办发〔2009〕52 号）	2009 年	落实继续推进三北防护林生态工程建设以保护森林资源；完善森林资源和效益监测体系。
《碳汇造林技术规定（试行）》和《碳汇造林检查验收办法（试行）》（林办造字〔2010〕84 号）	2010 年	国家林草局对碳汇造林包括造林地选择、基线调查、碳汇计量与监测等方面的技术规定。
《关于开展碳排发权交易试点工作的通知》（发改办〔2011〕2601 号）	2011 年	确定了北京、上海、广东、天津、湖北、深圳和重庆 7 个省市作为碳交易的试点。
《中国应对气候变化的政策与行动》（2012、2019、2020 年度报告）《温室气体自愿减排交易管理暂行办法》（2012）	2012 年	明确提出增加草原碳汇的要求，提升草原的碳汇能力。
《国家林业局关于推进林业碳汇交易工作的指导意见》（林造发〔2014〕55 号）	2014 年	明确了 CCER（国家自愿核证减排量）项目的审定、核证、备案、交易等办法。
《强化应对气候变化行动——中国国家自主贡献》（2015 年 6 月 30 日）	2015 年	对森林蓄积量和森林面积提出全新承诺，提升森林碳汇能力。
《"十三五"控制温室气体排放工作方案》（国发〔2016〕61 号）	2016 年	启动运行全国碳排放交易市场，完善交易体系，探索多元化的交易模式。

续表

相关政策	发布时间	重点举措
《国务院办公厅关于加强草原保护修复的若干意见》（国办发〔2021〕7 号）	2021 年	提升林草碳汇增量，完善林草碳汇计量监测体系。鼓励社会积极投入林草碳汇项目开发，推动林草碳汇进入碳排放交易市场。
《"十四五"林业草原保护发展规划纲要》（2021 年 7 月）	2021 年	立足我国草原生态系统整体仍较为脆弱等问题，提出进一步促进草原保护修复的意见。
《关于完整准确全面贯彻新发展理念做好碳达峰碳中和工作的意见》（2021 年 9 月 22 日）	2021 年	通过生态保护重大工程和大规模国土绿化行动，在退耕还林还草的基础上加强草原生态保护修复，增加森林面积和蓄积量；完善碳汇计量监测体系。
《2030 年前碳达峰行动方案》（国发〔2021〕23 号）《中国应对气候变化的政策与行动白皮书》（2021 年 10 月 27 日）	2021 年	国家核证自愿减排量已被用于碳排放权交易试点市场配额清缴抵销或公益性注销；新的国家自主贡献目标宣布森林蓄积量再增加 15 亿立方米。
《林业碳汇项目审定和核证指南》（2021 年 12 月 31 日）	2021 年	我国首个林业碳汇国家标准。主要涵盖了对林业碳汇项目审定和第三方核证方面的相关建议和指导。
《"关于探索开展草原碳汇交易的提案"复文》（2022 年第 02161 号（资源环境类 165 号）	2022 年	强调对草原碳汇研究和交易方面进一步完善的要求。完善草原碳汇的计量方法，计量模型。提升草原汇监测能力。
《二十大报告》（2022 年 10 月 16 日）	2022 年	健全碳排放权市场交易制度；加快实施重要生态系统保护和修复重大工程；提升生态系统碳汇能力；积极稳求进推动"双碳"目标的实施。
《"十四五"国家储备林建设实施方案》（2023 年 3 月）	2023 年	"十四五"期间，安排国家储备林建设任务 3690 万亩以上，国家储备林建设增加森林蓄积 7000 万立方米以上。
《生态系统碳汇能力巩固提升实施方案》（2023 年 4 月）	2023 年	方案围绕提升生态碳汇能力、有效发挥森林草原等生态系统的固碳作用等内容，提出了到 2025 年、2030 年的主要目标及重点任务。
《关于全国碳排放权交易市场 2021、2022 年度碳排放分配》（2023 年 7 月）	2023 年	组织开展国家核证自愿减排量（CCER）抵销配额清缴，组织有意愿使用 CCER 抵消碳排放配额清缴的重点排放单位开立账户。

续表

相关政策	发布时间	重点举措
《中共中央　国务院关于全面推进美丽中国建设的意见》（2024年1月）	2024年	到2035年，广泛形成绿色生产生活方式，碳排放达峰后稳中有降，生态环境根本好转，国土空间开发保护新格局全面形成，生态系统多样性稳定性持续性显著提升，国家生态安全更加稳固，生态环境治理体系和治理能力现代化基本实现，美丽中国目标基本实现。

一、我国林草碳汇开发基本情况

2005年，国际社会签订的《联合国气候变化框架公约》京都议定书正式生效，意味着全球碳交易和碳汇开发进入了全新的时代。中国作为京都议定书的倡导者与响应者，理应积极开发相关碳汇项目。2022年3月，习近平总书记在北京参加义务植树节时强调森林既是水库、钱库、粮库，也是碳库。森林作为陆地生态系统中最大的碳库，具有巨大的固碳作用与潜力，陆地生态系统超过50%的碳均能够储存在森林生态系统中。因此，开展森林碳汇开发工作是新时代我国"双碳"目标下的必然要求。

为应对全球气候变化并推动各国主动减排，国际社会提出了《京都议定书》中的三种机制：排放交易（ET）、联合履约（JI）和清洁发展机制（CDM）。尽管清洁发展机制是唯一与发展中国家相关的机制，但其中林业碳汇项目所占比例较低，与我国情况并不相符，因此我国逐步引入适合国情的自愿核证减排机制（CCER），并构建了新的碳交易市场。我国林业碳汇市场包括强制市场和自愿市场。其中，国家层面采用自愿核证减排机制，地方层面呈现多种自愿交易形式，例如广东的碳普惠、福建三明的碳票、福建的一元碳汇和贵州的单株碳汇等。尽管如此，林业碳汇仍未完全有效参与到全国碳市场交易中，其作用与潜力尚未得到充分体现。2024年，随着CCER市场重启和碳市场的不断完善，林业碳汇项目的市场价值将不断提升。至于草原碳汇，目前其交易案例和经验较为有限，但我国拥有丰富的草原资源，草原碳汇开发前景广阔，正处于积极开发和筹备阶段。

二、我国林草碳汇项目类型

目前，我国碳汇项目类型主要分为国家核证自愿碳减排机制（CCER）、国际自愿减排机制（VCS）、清洁发展机制（CDM）和其他项目类型。

（一）国家核证自愿碳减排机制（CCER）

2015 年，广东长隆碳汇造林项目是经国家发展改革委批准的我国首个 CCER（国家核证自愿减排标准）项目，也是在国家林业局、广东省林业厅、广东省林业调查规划院和中国绿色碳汇基金会多方支持合作下开发的全国首个进入碳排放交易市场的林业碳汇项目。该项目在广东省梅州市和河源市适合造林的荒山地区成功实现碳汇造林面积 1.3 万亩，项目计入期限 20 年，预计可产生减排量 34.7 万吨二氧化碳当量，项目签发的减排量已被广东省碳排放权交易试点的控排企业所购买。长隆碳汇造林项目对于我国 CCER 项目发展具有里程碑式意义，标志着我国林业碳汇开发的全新起点。截至 2017 年 3 月，我国 CCER 林业碳汇项目共公示了 93 个项目，其中 15 个项目获得主管部门签发注册。这 15 个项目分别位于广东、河北、内蒙古等地区。2017 年 3 月 14 日，国家发展改革委发布公告暂缓 CCER 项目的备案签发（见图 3 - 1）。

前期评估 → 项目设计 → 项目审定 → 项目备案 → 项目实施监测 → 项目减排量核证 → 项目减排量签发

图 3 - 1　CCER 碳汇项目开发流程

（二）国际自愿减排机制（VCS）

VCS 是指国际核证碳标准，是国际上应用最为广泛的自愿性碳减排标准。VCS 碳汇项目由联合国环境规划署（UNEP）和世界银行共同制定，由位于美国华盛顿的 Verra（国际碳信用认证机构）主管。VCS 标准是 Verra 众多标准中的一个，监督所有标准的运行流程且负责实时更新操作与交易规则。VCS 所签发的碳减排可以用于市场交易以完成企业自愿碳减排需求，还可以用于南非和哥伦比亚碳税，以及国际航空的碳抵消和减少计划。

VCS 碳汇项目的开发流程包括项目设计、项目审定、项目注册、项目实施与监测、项目核证和项目减排量签发六个步骤：一是项目设计，指项目开发方根据 VCS 标准和方法学对预开发的设计项目进行初步评估，判断其是否合乎标准，符合要求的项目需要在 Verra 注册处开立账户、准备碳汇项目开发的基础性文件，向 Verra 注册处提交项目设计的文件（PDD），并按要求公示 30 天。二是项目审定，由 Verra 批准的第三方独立审定机构（VVB）按照 VCS 标准与 Verra 要求进行项目审定，并最终形成审定报告。三是项目注册，指由 VVB 审定通过的项目向 Verra 注册处提交项目注册申请。四是项目实施与监测，根据 PDD 文件开展植树造林等活动进行项目的实施，依据项目设计文件进行监测活动，监测项目减排量并形成监测报告。五是项目核证，由 Verra 第三方独立核证机构（VVB）进行审核验证，并由 VVB 出具相关核证报告，完成后项目开发方须向 Verra 注册处提交监测报告和审定核证报告。六是项目减排量签发，完成以上步骤之后，项目开发方可以向 Verra 注册处提交 VCS 核证减排量申请，由 Verra 签发经审核通过的减排量，可用于市场交易和企业自愿减排等多方面需求。

截至目前，VCS 碳减排标准下我国林业碳汇项目注册共计 6 个，包括 4 个改进森林管理项目和 2 个造林项目，其中四川、云南、江西、福建、内蒙古、青海各有一个项目。另外，我国在 Verra 官网上公布的草原碳汇项目共有六个，分布在西藏那曲、新疆布尔津、新疆阿里、甘肃张掖、青海果洛藏族自治州等多个地区，预示着我国草原碳汇正在处于积极开发、积极筹备和整装待发的阶段。2023 年 4 月，新疆布尔津县与陕西绿能碳投环保科技有限公司正式完成核证碳交易事宜，标志着我国新疆首个 VCS 规则下的草原碳汇项目正式实现，交易额达 1976.5 万元，项目计入期 40 年，预计累计产生的碳汇量为 800 万吨。布尔津县项目的顺利完成，对我国草原碳汇开发与交易具有非凡的意义。现阶段草原碳汇交易的案例和经验相对较少，但我国拥有非常丰富的草原资源，蕴藏着巨大的草原碳汇开发潜力。

（三）清洁发展机制（CDM）

清洁发展机制（CDM）是《京都议定书》规制下的发达国家与发展中国家之间的合作方式，其目的一是促进发展中国家实施可持续发展战略，推动《联合国气候变化框架公约》目标的实现；二是使发达国家更好地履行碳减排承诺。发展中国家可以将经过签发的碳减排量向发达国家出售，发达国家通过购买碳减排量以完成减排的任务。我国的 CDM 项目众多，包括经由国家发展改革委批准和在 EB（联合国清洁发展机制执行理事会）注册签发的项目，但是均集中于新能源和再生能源领域，占比高达73.8%，而关于林业碳汇和草原碳汇的 CDM 项目却较少，这是由于很多林业碳汇和草原碳汇项目并不符合 CDM 运行规则所致。其中，最显著的问题在于 CDM 的额外性要求，是指 CDM 项目活动所带来的减排量相对于基准线是额外的，导致碳汇项目在没有外来 CDM 支持时存在财务、技术、融资、风险、人才方面的竞争劣势或障碍因素，并且依靠国内条件很难解决，即项目减排量在没有外来 CDM 时难以产生。

CDM 项目开启了我国碳交易的先河。2003 年，广西与世界银行生物碳基金合作，开发了全球首个清洁发展机制（CDM）碳汇造林方法学。2006 年，广西林业部门依靠"广西综合林业发展和保护项目"制度框架，在环江毛南族自治县和苍梧县圆满完成了"中国广西珠江流域治理再造林项目"，项目实现造林面积 3008.80 公顷，签发了近 13.2 万吨碳汇减排量。该项目是全世界第一个在 CDM（清洁发展机制）规则框架下的林业碳汇项目，为后续我国林业碳汇的开发积累了丰富经验，为碳汇交易体系的建立奠定了坚实基础。截至 2017 年 4 月，我国在 CDM 机制下共注册 5 个林业碳汇项目（已签发 2 个），其中广西壮族自治区 2 个，四川省 2 个。2012年以后，CDM 机制发生较大变化，欧盟规定 2013 年以后欧洲碳排放交易体系将严格限制减排量大的 CDM 项目进入，只接受 LDC（最不发达国家）新注册申请的 CDM 项目，因而 CDM 项目预案大幅减少。据联合国清洁发展机制官方网站资料显示，2014 年后再无我国 CDM 项目注册记录。至于我国草原碳汇，则没有 CDM 项目的先例。

（四）区域性的碳减排标准

1. 北京林业碳汇抵消机制（BCER）。《温室气体自愿减排交易管理暂行办法》发布后，北京市确定为全国碳交易试点城市之一。2014 年，北京市发展改革委和园林绿化局联合印发《北京市碳排放权抵消管理办法（试行）》，指出来自北京市辖区内的碳汇造林项目（2005 年 2 月 16 日后的无林地）和森林经营碳汇项目（2005 年 2 月 16 日后开始实施）可以用于重点行业企业的碳排放抵消。北京林业碳汇项目经过北京市发展改革委和园林绿化局审核后，可预签获得 60% 的核证减排量用于碳交易，在获得国家发展改革委备案的核证自愿减排量后，将与预签发减排量等量的核证自愿减排量从其项目减排账户转移到其本市抵消账户。经统计，BCER 预签发 3 个项目首期 60% 的核证减排量，包括顺义区碳汇造林一期项目、丰宁县千松坝林场碳汇造林一期项目和房山区石楼镇碳汇造林项目。

2. 福建林业碳汇抵消机制（FFCER）。福建省是我国森林覆盖率较高的省份，全省森林覆盖率占比达 66%，拥有丰富的林业碳汇资源，仅每年新增的林业碳汇量就能达到 5000 万吨。2016 年，福建省率先推进全国碳排放权交易试点，推行福建林业碳抵消机制（FFCER）。2017 年，福建省政府办公厅印发《福建省林业碳汇交易试点方案》。截至 2019 年 11 月，福建省共有 12 个林业碳汇项目备案，核证后的林业碳汇项目则可以在福建试点碳市场进行交易。截至 2021 年 5 月 31 日，FFCER 累计成交量为 275.35 万吨，成交金额 4055.06 万元。据数据统计，福建省每年林业碳汇的成交量与成交额均居全国前列。

3. 广东碳普惠抵消信用机制（PHCER）。2015 年，广东省在国家碳政策引领下发布《广东省碳普惠制试点工作实施方案》。2016 年 1 月，广东省的首批碳普惠试点地区已经有广州、东莞、中山、惠州、韶关、河源 6 个城市。2017 年 4 月，广东省发展改革委发布《关于碳普惠制核证减排量管理的暂行办法》，正式推出 PHCER，指出在广东省碳普惠试点地区所产生的项目核证减排量可用于碳排放市场交易，也可用于广东省的企业碳排放抵消，PHCER 成为广东省地域特色 CCER。截至 2021 年 6 月 30 日，广东省备案 PHCER 减排量达 191.97 万吨，项目类型以林业碳汇为主，林业碳汇项目占比达到 92%，根据广州碳排放权交易中心数据显示，PHCER累计成交量为 621.67 万吨。总体来说，自 PHCER 开启以来，碳汇项目的备案数量与碳汇价格均在稳步提升。

三、我国林草碳汇交易市场体系

2007 年，我国颁布的《中国应对气候变化国家方案》中强调，植树造林、保护森林、最大限度地发挥森林的碳汇功能等是应对气候变暖的重要措施。目前，我国主要的三个碳汇市场平台均在尝试进行林草碳汇交易。

在碳汇市场规范性方面，我国森林碳汇项目作为卖方在全球强制碳交易市场中占有一定比例份额。我国森林碳汇项目起步较早，2006 年 4 月我国成功注册全球首个在清洁发展机制下实施的林业碳汇项目，在亚洲和太平洋地区的九个注册森林碳汇项目中，我国占有三个项目。2013 年，我国启动了包括北京、天津、上海、广东、深圳、重庆、湖北在内的 7 个碳交易试点，之后又增加了福建碳交易试点。在此基础上，国家于 2021 年 7 月 16 日上线了全国统一碳排放交易市场，推进我国森林碳汇市场化运作，加快我国碳汇市场发展。

在碳汇市场自愿性方面，我国与国际社会进行了广泛的交流与合作并采取了积极举措。云南、四川两省通过结合省内植被恢复和生物多样性保护的森林碳汇示范项目，与国际和美国大自然保护协会等非政府组织展开了合作与交流。此外，绿色碳基金会支持规模较小的项目，鼓励我国民间自愿参与森林碳汇交易。2011 年，绿色碳基金会与华东林业产权交易所合作开展了第一个自愿森林碳汇交易项目，10 家企业签约认购了首批经审定的净碳汇量约万吨，价格为每吨 18 元。北京环境交易所制定了专为中国市场设立的自愿减排标准——熊猫标准。该标准借鉴了美国杜克法则，规定了自愿减排流程、评定机构和规则限定等内容。2011 年 3 月，云南首个符合"熊猫标准"的竹造林碳汇项目与方兴地产（中国）有限公司达成交易，通过北京环境交易所成功实现交易 16800 吨的自愿碳减排量。

到目前为止，全国统一碳排放市场除了电力部门强制减排以外，其他行业都未有强制减排要求，林业碳汇与草原碳汇也未纳入全国统一碳排放交易市场中，我国林草碳汇交易尚未形成统一的审核、监测、交易机制。目前，我国林草碳汇交易主要在 CDM（清洁发展机制）、CCER（国家核证自愿减排标准）和 VCS（国际自愿减排标准）规则框架下进行。2017 年3 月 14 日，由于配合全国统一碳交易市场的正式上线，需要对《温室气体自愿减排交易管理暂行办法》进行修订，因此 CCER 碳汇项目被按下暂停键；2024 年 1 月，我国 CCER 项目正式在北京重启。同时，我国各地区也推出了具有当地特色的碳汇机制，例如北京林业碳汇抵消机制（BCER）、福建林业碳汇抵消机制（FFCER）、广东碳普惠抵消信用机制（PHCER）等。但是，现有的交易机制并不能满足现行交易需求，亟待建立和落实更加多元化和体系化的交易机制。随着森林碳汇和草原碳汇的不断开发与发展，以及审核、计量、监测体系的不断完善，林草碳汇交易有望能早日进入全国统一碳排放交易市场。

第三节　林草碳汇产品价值实现存在的问题

一、我国林草碳汇产品价值实现存在的问题

（一）法规制度体系不完善

1. 碳汇交易法规缺乏

现阶段林草碳汇交易缺乏国家层面的法规保障。首先，全国碳交易市场运行的法律保障问题至今尚未有效解决，《碳排放权交易管理暂行条例》尚处立法阶段，并且只有深圳和北京两个地区通过了碳交易立法，由此可见全国碳交易体系运行仍处于起步阶段。其次，国内森林碳汇产权的界定不清晰。目前的《中华人民共和国森林法》和《中华人民共和国物权法》体系中都没有对其所有权、使用权、收益权等进行明确规定，林草碳汇市场发展缺乏相应的法规保障，产权主体缺失、客体由公共属性转变为私有属性需要承担较高的制度成本。加之林草碳汇权属结构复杂，项目开发可能涉及林地、草地承包户、土地租赁者、投资者和管护者以及项目委托开

发者等多个利益相关方，农户、企业、政府等均可能参与其中，实际活动落地与收益分配等较难达到预期效果，较长计入期内项目碳汇的稳定性也缺乏保障。

2. 碳汇交易监管亟待强化

林草碳汇项目开发与交易的统筹监管存在不足。如对于林业 CCER 项目，开发模式与评审机制的局限性使得专家们很难快速识别项目准入条件、边界认定与额外性证明等材料的真实性，也难以核对项目营造林措施落实情况与计量监测数据校对情况，只能依靠项目申报材料进行综合判断；而许多项目开发企业、DOE 机构及咨询专家等因非专业人员操作、对方法学缺乏基本掌握等问题，往往对项目申报材料的细节把关不严，碳汇质量以及公信力有待提升。同时，部分省市、县区的相关部门，林农和牧户等受到企业和中介机构等的不当宣传与利益引诱，在不全面了解市场政策及背景的情况下贸然与其签署林、草地委托与项目开发协议，使得资源的长期收益严重受损。对于其他自愿类碳汇项目，由于方法学、登记系统、交易模式及参与主体等的异质性，仍缺乏统一的监管机制及平台，存在多重计算、可持续性风险的多种问题；近年来碳市场中屡屡出现利用碳汇交易进行哄炒、诈骗、传销、赌博等不良事件，参与者利益普遍受损。因此，统筹监管与持续监管问题是推进碳汇产品交易未来发展的重要挑战。

3. 交易支撑体系仍需完善

当前的林草碳汇交易支撑体系，包括管理政策、机制体制等对于系统推进市场发展来说尚存在明显不足，未来需要长期的修正完善过程。例如，国家林草碳汇开发潜力巨大，林草行业对于碳汇产品货币化途径的参与积极性也较高，但实际上能用于市场交易和抵消履约的合格产品数量却少之又少。这一方面与顶层政策设计及管理机制相关，国家及试点碳市场相关政策变动频繁，林草碳汇仅以抵消机制模式参与，存在抵消占比不大、履约条件限制等问题，且与其他类型项目碳减排量相比缺乏价格竞争力；另一方面，林草碳汇项目开发周期较长、操作流程复杂，MRV 专业性强，普通林业工作人员短期内难以全面掌握，大量开发工作需外包其他机构。因此，碳汇项目开发成本和不确定性较高，投资收益不易保障。此外，项目方法学和技术标准等落地操作性不强、分类实施针对性不足，申报材料准备及额外性证明困难，实地审定与核证工作量大，多方衔接责任及风险均较高。同时，与项目开发管理及市场交易相关的研究深广度不够，成果应用性不强且缺乏长期持续的系统支撑。尤其是针对未来市场发展所需的湿地和土壤及海洋管理增汇、额外性认证以及项目开发影响与效果跟踪评价等方面，少有系统而深入的研究。

（二）碳汇核算补偿机制不健全

一是核算机制不健全。从我国林草碳汇产品核算起源和发展情况来看，目前虽然已出台了一系列标准、规范的核算方法，但其仍处在初期发展阶段。相关研究还存在一定争议，尚未形成一套统一的核算标准指标体系和方法，核算指标的不统一、方法的多样性进一步加剧了数据解读的复杂性和不确定性，使不同项目间的比较与评估相对比较困难。而且我国对林草碳汇产品核算的理论、机理等研究不足，基础研究较弱，与经济学、统计学等多学科的结合较少。其核算的基础数据不足且缺乏常态化统计、监测数据和体系，难以反映区域生态系统的价值变化。二是多元化补偿机制不健全。我国碳汇价值的生态效益补偿以各级财政专项补偿为主，因政府自身财政不足和生态补偿的长期性、持续性问题，补偿标准远低于其本身的生态价值、保护管护投入和经营开发收益，制约生态补偿有序推进，难以保障产品的可持续生产。研究显示，2013—2018 年，我国森林碳储量价值增长了 779.96 亿元，年均增长 1.87%。政策支持体系还不够完善，碳汇资源丰富地区与温室气体高排放地区的横向补偿机制尚未建立。

（三）碳汇市场需求不足

碳汇生态产品购买主体单一、碳市场顶层设计有待完善、非履约企业和公众自愿购买积极性不高等问题是导致我国碳汇生态产品需求不足的主要原因，严重阻碍了碳汇生态产品市场化交易进程，不利于林草碳汇价值的实现，也无法充分发挥碳汇生态产品应有的经济价值和社会价值。具体体现在：一是购买主体单一。碳市场中的交易主体主要分为两类。一类是碳市场纳入企业，此类企业受法律法规约束负有履约责任，需要通过碳交易完成履约，而购买碳汇生态产品可帮助其实现低成本履约；另一类是主动参与交易的营利性机构。如金融机构等通过一级、二级交易市场获取差价。从我国具体情况来看，碳汇生态产品的主要购买方是碳市场履约企业。碳汇生态产品在得到政府主管部门备案后直接被用于履约，是典型的现货交易，缺少碳汇生态产品期货、期权等其他金融衍生品的设计和应用，金融机构、广大非履约企业和普通社会公众参与意愿匮乏，市场购买主体单一、产品流动性和市场金融属性不足，亟须建立多元化的市场交易体系。二是碳市场顶层设计有待完善。碳汇生态产品的市场需求主要受碳市场政策等因素影响，碳市场对排放企业管控越严格、碳排放抵消比例越大，则市场对碳汇的需求量也越大。我国碳排放权交易试点普遍设置了严格的准入门槛，如可使用的抵消比例、减排量产生的时间、项目来源地等限制条件导致大量碳汇无法进入市场交易，亟须通过制度创新提升碳排放企业的需求。当前，我国碳市场建设仍处于初级阶段，在宽松的配额分配政策、严格的 CCER 准入条件及大量其他类型减排项目竞争下碳汇生态产品的市场需求也不易充分体现。因此，政府主管部门应不断完善碳市场顶层设计，提升碳汇生态产品需求空间。三是社会公众参与积极性不高。从自愿交易市场的角度看，碳汇生态产品的自愿购买方主要是社会责任感或环保意识较强的企业及个人，在缺少法律法规约束和相关激励机制，社会公众的认知水平不高，社会舆论氛围不足，购买渠道狭窄等的情况下，公众参与碳补偿或碳中和的行动较为谨慎，群众对优质生态产品的需求无法得到有效释放。

（四）林草储量和质量有待提升

一是林草蓄积量不足且生态基础较弱。目前，我国林草的单位面积积蓄量仍然低于世界平均水平，林草生态系统的稳定性还不强，亟须采取有效措施强化林草的抚育经营。二是发展林草资源的力度不够。尽管我国林草资源总量处于世界前列，但人均林草资源占有量依然较少。同时，林草资源过度采伐和占用、破坏等现象仍十分严重，林草资源更新速度较慢，人工林草蓄积量锐减，再加之管理人员管控力度不够，缺乏科学有效的管护措施和先进的管理手段，更加剧了林草资源的采育失衡。三是病虫害防治办法滞后，后期管护不到位。我国林草病虫害的防治仍依靠化学农药的使用，绿色防控技术没有得到有效利用，这加剧了林草生态系统破坏且导致系统内恶性循环的形成，从而影响林草碳汇功能的发挥。在管护方面，尚存在认识不到位、管护方法陈旧的问题。

（五）碳汇金融体系不完善

金融衍生品领域的空白成为制约碳汇价值进一步实现的关键因素。当前，市场内缺乏期货、期权等高级金融工具的设计与应用，限制了市场参与者的风险管理能力，使得碳汇价格难以形成有效的预期和发现机制，进而使得碳汇价值难以实现。投资者在面对碳汇价格波动时，缺乏有效的对冲手段，不得不承担较高的市场风险，削弱了投资林草碳汇项目的信心。此外，市场流动性的匮乏进一步加剧了这一困境。缺乏足够的交易量和活跃的参与者使得碳汇项目的融资渠道变狭窄，融资成本上升，融资效率低下。这影响了林草碳汇项目的可持续发展能力，也限制了其市场价值的充分释放。因此，加快推动林草碳汇交易市场的金融创新，引入期货、期权等金融衍生品，增强市场流动性成为当前亟待解决的问题。这不仅有助于提升投资者的风险管理水平，激发市场活力，还能为林业碳汇项目提供更加多元化、低成本的融资渠道，促进林草碳汇价值的实现，为实现碳中和目标贡献力量。

（六）方法学、人才和技术储备匮乏

随着《温室气体自愿减排交易管理办法（试行）》《温室气体自愿减排项目方法学　造林碳汇》《温室气体自愿减排项目方法学　红树林营造》的发布，现有的方法学明确了造林碳汇、并网光热发电、并网海上风力发电、红树林营造等项目开发与温室气体自愿减排项目的适用条件、减排量核算方法、监测方法、审定与核查要点等。其中，造林碳汇方法学适用于乔木、竹子和灌木荒地造林。并网光热发电方法学适用于独立的并网光热发电项目以及"光热＋"一体化项目中的并网光热发电部分。并网海上风力发电方法学适用于离岸 30 千米以外，或水深大于 30 米的并网海上风力发电项目。红树林营造方法学适用于在无植被潮滩和退养的养殖塘等适宜红树林生长的区域人工种植红树林项目。国家发展和改革委员会已备案的

CCER 林业碳汇项目方法学均被废止，目前缺少森林经营、草原保护修复、湿地保护修复等方面的方法学，需要加快推进方法学的制定。

一是缺乏成熟的碳汇理论与技术作为指导。碳汇理论与技术的发展在我国尚处于初级阶段，部分林业领域的工作者缺乏系统的专业知识、理论和技术，特别是对实施碳汇造林的认识，还存在一定的误区。二是缺乏碳汇造林项目的领军人才。我国缺乏草原碳汇计量专业化队伍，只有少数单位和学者开展了碳汇造林理论的研究及技术的研发，未形成规模化的碳汇专业人才队伍和工程队伍，且经国家发展改革委、生态环境部等政府部门备案指定的林草碳汇项目开发机构极少，开展碳汇交易急需的项目设计、监测、报告、监管和市场交易等专业人才较为缺乏，熟悉林草碳汇、懂金融和市场的复合型人才更是严重短缺。三是缺乏成熟的技术储备。我国高精度、自动化的计量与监测设备的缺失导致数据收集的效率和准确性受到限制，难以形成连续、系统的碳汇变化记录。削弱了项目成果的科学性和说服力，也阻碍了林业碳汇市场交易的健康发展。

二、内蒙古林草碳汇产品价值实现存在的问题

（一）林草质量问题影响碳汇功能，生态保护意识有待提升

森林资源普查结果显示人工纯林占主导，混交、多层、成熟林较少，树种、林龄、层次结构单一导致稳定性与健康状况不足；密植小叶杨超出环境承载，造成低质低效林，生态功能逐渐衰退。从全区来看，除大兴安岭以外，其余地区森林每公顷蓄积量、平均胸径、林分平均郁闭度均低于全国平均水平，草原承载力、高质量草原比例、天然草原平均产草量、多年生植物种类及优质牧草比例均低于 20 世纪 80 年代，因此亟须进一步提升林草质量，建立健康稳定的林草生态系统，提高林草"碳库"增量。

就森林资源而言，科学的森林管理是提高森林整体质量的关键。其中，人工抚育和管理对于改善森林的树种结构、林龄结构和空间结构至关重要，可以增加森林中树种的多样性来提高森林生态系统的稳定性。严格执行草原禁牧和草畜平衡政策十分重要，国家生态治理项目为草原生态系统的保护和修复提供了重要支持，综合采取禁牧封育、种草改良、破损草

原植被重建、人工种草等措施全面保护和系统修复草原生态系统。旨在提升草原生态系统的稳定性，增强草原的固碳和增效能力，促进草原植被的提质增效，从而提高草原的固碳潜能。总的来说，森林质量和草原生态系统稳定性均是碳汇能力的重要环节，通过科学的管理和综合治理措施实现森林和草原生态系统的可持续，从而减缓气候变化和保护生态环境。

（二）缺乏地区特色林草碳汇计量监测体系，成果应用存在局限

研究涵盖内蒙古主要树种、草种的碳汇计量模型是提高林草碳汇科技支撑能力，实现森林草原碳汇可测量、可报告、可核查的保障。完善的碳汇计量、核算和监测体系对于实施森林、草原生态保护修复碳汇成效具有重要作用，而目前内蒙古仍然缺乏针对林种和草种的林草碳汇计量监测体系，也未制定内蒙古森林草原生态系统碳汇计量与监测技术指南，以及统一的林草碳汇计量标准和监测核算系统。

为了有效管理和监测内蒙古林草碳汇，须制订合理的计划并规划布局林草碳汇计量监测样地，监测样地应涵盖主要树种林分类型、不同龄组以及主要草种的分布情况。同时，应推广应用新技术和新设备，建立内蒙古自治区的林草碳汇计量监测数据库，以提升林草碳汇数据采集的自动化和电子化水平，从而提高数据的准确性和效率并及时进行动态更新，同时应探索建立全区林草碳汇数据定期更新制度，以便及时向社会公众和政府部门发布最新的监测数据和分析结果。除了数据管理方面，还需要加强林草碳汇计量监测成果的应用，将监测数据用于全区林草碳汇监测和林草生态综合评价，通过持续、标准和规范化的监测和评价，可以更好地了解内蒙古林草资源的状况，为保护生态环境和可持续利用提供依据。

（三）碳汇转化途径与实际转化份额不容乐观，生态碳汇价值难以体现

内蒙古自治区大兴安岭的重点国有林区年固碳量约为3600万吨，然而在国家碳排放交易体系（CCER）的框架下，内蒙古每年可用于交易的碳汇量仅为107万吨，不足其实际碳汇量的4%，使内蒙古林草碳汇产品价值难以得到充分体现，实际贡献量与市场回报之间不成正比。尽管林草碳汇潜力较大，但其转化为实际的生态产品份额相对较小，这既未能充分反

映生态保护建设的投入，也未能发挥其在经济拉动和推动绿色经济发展方面的潜在作用。

（四）缺乏地域特色的碳汇交易机制，制约碳汇市场的有效发展

目前，内蒙古并未建立起具有地域特色的碳汇交易机制。基于 CCER 框架，内蒙古应结合自治区森林与草原资源巨大优势，针对林草碳汇价值转化存在的实际问题制定具有内蒙古区域特色的碳减排标准。例如，内蒙古森工集团针对 CCER 现行方法学体系中天然林经营项目空白，开发了《天然次生林经营碳汇项目方法学》，科学开展《林区碳汇计量监测体系建设试点示范》《兴安落叶松增汇经营技术研究推广》等科技推广项目是开启自治区碳交易机制新的尝试。内蒙古未来应借鉴福建、广东等的经验，参考国家的碳交易政策，构建具有自治区特色的碳交易机制，进而实现林草碳汇价值转化路径的优化。

第四节　本章小结

本章从国际林草碳汇产品市场体系建设现状、我国林草碳汇产品市场体系实践探索和林草碳汇产品价值实现存在的问题三个方面展开分析和论述，为下文研究奠定了扎实的基础。首先，从国际碳市场分类、国际碳市场运行规则和国际主要碳市场发展状况三个方面描述国际林草碳汇产品市场体系建设现状，可知碳市场根据交易对象可划分为以配额为基础的和以项目为基础的碳市场、根据交易动机可分为强制性履约市场和自愿性减排市场；根据交易标的可分为碳现货交易市场和碳衍生品交易市场，同时了解碳排放交易市场和碳税市场的运行规则以及主要碳市场发展状况。其次，通过梳理我国关于林草碳汇的相关政策、我国林草碳汇开发基本情况、我国林草碳汇项目类型和我国林草碳汇交易市场体系对我国林草碳汇产品市场体系实践探索进行阐述。最后，通过对全国和内蒙古林草碳汇产品价值实现存在的问题进行具体分析，以期为林草碳汇产品价值实现路径的优化提升提供依据。

第四章　碳汇价值评估与核算：碳汇产品价值实现的重要条件

本章将我国林草碳汇产品价值实现的重要条件分为基本逻辑、核心机制和现实选择三个部分。其中，基本逻辑主要由理论逻辑、制度逻辑、技术逻辑和实现路径四个方面组成。林草碳汇产品价值实现的基本逻辑在保持其内在同一性的基础上，各个要素是互为补充、互相促进的。理论逻辑为制度逻辑、技术逻辑和实施路径提供指导作用，制度逻辑、技术逻辑和实施路径是对理论逻辑的反馈反哺，同时林草碳汇的市场化是我国林草碳汇产品价值实现的核心环节。林草碳汇的市场化运作要建立制度和技术体系，另一方面也需要社会资本与市场运营相结合，通过政府和市场的双向引导，将林草碳汇产品价值转换为经济效益。此外，碳汇价值量核算的现实选择从国家与政府、碳汇产业链、第三方中介和社会与公众层面四个维度来综合考量，充分论证林草碳汇核算对国家、社会和民众的现实意义，为促进林草碳汇产品价值实现提供理论支撑。

第一节　林草碳汇产品价值实现的基本逻辑

理论逻辑、制度逻辑、技术逻辑和实现路径四个方面组成了我国林草碳汇产品价值实现的基本逻辑。利益相关者理论与公共治理理论是理论逻辑的核心，其中利益相关者理论诠释了林草碳汇价值实现是多个利益相关主体投入与参与的结果，公共治理理论则指出林草碳汇产品价值实现的根本逻辑；制度逻辑的核心在于制定全民所有自然资源资产所有权的委托代理机制以及自然资源确权登记制度，为林草碳汇产品的价值实现提供基本的制度保证；技术逻辑由核算技术和数字赋能技术共同支撑，并且为林草碳汇产品的定价机制提供科学依据，在此基础上进一步明晰林草碳汇价值计量体系的层级关系、主要组成及关键技术；可行路径验证了林草碳汇产品价值实现具备的可操作性，并以案例的方式传达了价值实现的方式与效果，是林草碳汇产品价值实现的有效载体。林草碳汇产品价值实现的基本逻辑各要素之间相辅相成，相互促进：理论逻辑为制度逻辑、技术逻辑和可行路径提供指导，制度逻辑、技术逻辑和可行路径反之又可以为利益相关者及公共治理理论提供有益的补充，同时也可以规范技术逻辑与可行路径，并在两者的反馈下不断完善（见图4-1）。

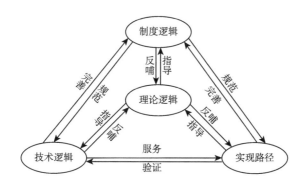

图 4-1 林草碳汇产品价值实现的基本逻辑关系

一、理论逻辑

利益相关者理论的核心理念是任何组织目标的实现都离不开多个利益相关主体的投入与参与，通过对利益相关主体的多重安排综合平衡各个利益相关者的利益要求。林草碳汇产品价值实现的利益相关者是在林草碳汇开发和交易过程中存在直接或间接影响的组织或个人，主要包括中央政府、地方政府、科研机构、社会组织、林农和牧民等。其中，中央政府与地方政府负责碳汇政策制定和监督管理等，追求生态、经济和社会效益最大化；科研机构开展碳汇核算、生态环境监测和科学研究等工作，为林草碳汇的开发和产品价值实现提供科学依据和技术支持；社会组织以宣传教育、监督核算等方式提高公众对碳汇的认知水平，通过开展生态保护修复等科普活动推动减碳增汇全民参与；林农和牧民利用其丰富的实践经验参与林草碳汇开发工作，这些利益相关者在满足自身目标的同时，根据自身的角色职责构成林草碳汇开发多维度局面，不断推动林草碳汇产品价值实现。

公共治理理论认为，公共资源是一种自然的或人为的、具有竞争性的和非排他性的资源系统，资源受益者存在支付成本过高的问题。从这两个特点来看，要将公用资源体系中共同占用者排除在外的成本较高。我国森林与草原资源的产权可分为所有权（所有和占有）、使用权、收益权和处分权等不同的产权类型，并允许其进行所有权、使用权、收益权和处分权的合法转让，而当前的森林和草原统一确权工作无法将各项权益归属清楚，导致了资源的配置混乱，出现了"搭便车"的现象。为此，有必要从排除共同占用者和维护集体行动目标两方面入手，促进林草碳汇资产化，进而推动林草碳汇产品的价值实现。

根据公共治理理论，管理者要用较高的成本来排除公共资源共同占用者。即要求政府彻底清查森林和草原资源产权归属问题，并通过财政资金把分散的产权集中到林草资源管理部门，保证各种产权的归一性。整合产权的目的是解决由于占用者较多造成的森林和草地资源细碎化问题，通过政府的宏观干预明确森林草原资源的产权归属，从而实现碳汇资源资产化。首先，政府必须制定一个共同的指导方针，以集体利益最大化为目标来完成对公共事务的治理。具体做法是各部门根据碳汇开发利用情况制订开发运营模式，确立林草碳汇资本化为统一目标，通过市场化手段对其进行开发和经营，增强林草碳汇的创收能力，促进林草碳汇产品的增值。同时，为解决林草碳汇产品价值的顶层设计缺位问题，需要设立全新的总目标：坚持以保护生态环境为根本，保障林草资源的可持续发展。其次，要确保林草碳汇产品价值实现必须以产权明晰为前提，同时还需林草资源监管制度的支撑，维护林草资源使用和收益制度与所处区域劳动、物资和资金的供应制度保持一致，统一参与者权利与义务。林草碳汇产品价值的实现是各利益主体的共同目标，参与方需监督所有资源使用者的行为，违反行动规则的使用者受到其他使用者和管理者的分级制裁。

二、制度逻辑

我国自然资源数量和种类繁多，为了实现差异化的自然资源资产管理，中共中央办公厅、国务院办公厅印发了《全民所有自然资源资产所有权委托代理机制试点方案》（以下简称《方案》）。该《方案》提出要加快完成对林草资源的调查、监测和确权工作，着力落实产权主体，摸清林草资源资产家底，明确林草资源的权属，为厘清林草资源的动态存量提供基础保证；维护林草资源所有者的权益，加强林草资源使用行为的监督与问责，为林草碳汇产品价值实现主体的权益和行为提供保障；把林草碳汇产品的价值保证与价值实现放在核心地位，以此来推动林草碳汇高效运营和保值增值。

自然资源部、财政部、生态环境部、水利部、国家林业和草原局联合印发了《自然资源统一确权登记暂行办法》（以下简称《办法》），对森林、草原等自然资源的所有权和所有自然生态空间统一进行确权登记。2024 年我国已经基本形成自然资源统一确权登记制度体系，标志着包含森林和草原在内的我国自然资源确权登记已经迈入法治化轨道。《办法》要求森林和草原登记单元应依据土地产权范围，按照国家土地所有权权属界线封闭的空间划分登记单元，并严格落实森林和草原生态保护与统一确权工作。林草碳汇产品价值实现的前提是要切实做好生态系统的保护工作。国家通过制定新一轮森林保护利用规划，落实国家天然林保护管理政策，对森林网络感知系统数据进行逐年调查和更新，开展森林督察、林长制督察考核，建立我国现代化森林保护体系。同时，通过完善草原调查制度、建立完善草原监测评价队伍、技术和标准体系和编制草原保护修复利用规划等加快推进草原生态保护和修复。《方案》与《办法》保证林地和草地产权归属明晰，地权转让、出租、作价出资（入股）、担保等依法依规流转，有效地维护了交易双方的权益，为林草碳汇产品市场化交易奠定坚实基础。《方案》与《意见》的发布，对于构建我国林草碳汇交易体系、维护交易双方权益、规范生态资源配置具有深远意义，为促成林草碳汇产品价值的有效实现提供了政策支撑。

三、技术逻辑

2022 年《生态产品总值核算规范（试行）》（以下简称《规范》）的印发确定了我国通用的生态产品总值核算的技术流程、核算体系、数据来源和统计口径，也包括森林和草原生态系统固碳量的计量方法。与此同时，学术界持续深化森林和草原碳汇产品价值核算方法的相关研究，探究多种林草碳汇产品价值核算体系。其中，已有的计量森林碳汇价值量的文献研究中关于碳汇价格核算多使用市场价格法、造林成本法、碳税法进行计量，近些年也逐渐出现以边际分析法中的最优价格模型法和金融领域中的二叉树期权定价模型和B－S期权定价模型作为碳汇定价依据的价格计量方法。草原碳汇价值的计量方法包括碳税率法、影子价格法、期权定价法等，随着相关研究进程的不断推进，林草碳汇产品价值核算的理论与方法日趋丰富。

此外，数字赋能技术对林草碳汇产品的价值实现也有重要作用。2023年2月，中共中央、国务院印发了《数字中国建设整体布局规划》（以下简称《规划》），该《规划》中明确指出，要以绿色智慧为核心构建我国数字生态文明，推进"数字化与绿色化"协同转型。"数字化与绿色化"协同转型是利用数字化技术解决林草碳汇产品价值实现过程中的三个关键问题。一是基于遥感、GIS、大数据等数字化技术，建立林草碳汇产品信息管理平台、交易平台和价值核算平台，精简复杂的林草碳汇信息，节省交易成本，提高价值核算的准确性和效率；二是建立林草碳汇的大数据监测系统。通过遥感、GIS和云计算等数字技术，实时追踪监测林草碳汇的总量和质量，把握林草碳汇产品的时空动态变化信息；三是提高林草碳汇产品的价值内容。得益于互联网、物联网等数字技术的应用，林草碳汇产品的价值内容正在不断向智能化和科技化方向发展，在林草的管护、碳汇开发、碳汇产品推广等方面均具有重要作用。

四、实现路径

由于我国"林票"制度、森林生态运营中心模式、碳汇交易等森林资源生态产品价值实现典型案例较多，实践经验较为丰富，因此我国森林碳汇产品价值实现的可行路径相对较为成熟。2015年在国家林业局，广东省林业厅，中国绿色碳汇基金会和广东省林业调查规划院多方支持合作下开发了广东长隆碳汇造林项目，项目成功实现碳汇造林面积1.3万亩，预计可产生减排量34.7万吨二氧化碳当量，项目签发的减排量已被在广东省碳排放权交易试点登记的控排企业所购买。2017 年广东省着手启动了林业碳普惠项目，项目准备期完成的工作包括发布《广东省碳普惠制核证减排量交易规则》与核算项目碳减排总量，并在广州碳排放权交易所搭建了碳普惠制核证减排量竞价交易系统，最终在 2018 年正式启动该项目。林业碳普惠项目通过项目收益、抵押和资本运作等方式，实现了森林碳汇经济价值的显化，并将森林资源资产转化为资金。项目使得碳汇购买方得以实现碳减排目标，碳汇供给方能够盘活森林资源最终获取经济收益。相较林业碳汇项目，草原碳汇交易案例较少，2023 年 4 月 25 日，新疆阿勒泰地区的布尔津县与陕西绿能碳投环境技术有限公司签订合作协议，以 1976.5 万元的价格完成了新疆首个核证碳标准（VCS）草原碳汇项目的市场化交易。布尔津县是阿勒泰地区的畜牧业大县，天然草场面积达 1000 多万亩。该项目计划从 2017—2021 年对 200 万亩退化草地进行开发，其中第一期项目涉及 97.5 万亩，第二期项目涉及 102.5 万亩。在经历计量监测和第三方核证等流程后，项目将额外的碳汇量转化为可供交易的草原碳汇产品。根据预估，这个项目在 40 年的计划期内将累计产生约 800 万吨碳汇，总收益将达到约 2.8 亿元。

以上述案例为代表的林草碳汇产品价值实现模式，为林草碳汇产品价值实现提供了诸多路径选择，并在此基础上总结了可借鉴、可推广的实践办法。实现路径验证了公共治理理论应用于实践的可操作性，印证了林草碳汇产品价值实现机制的合理性和科学性。

第二节 林草碳汇产品价值实现的核心机制

基于对我国林草碳汇产品价值实现机制的探讨，可以归纳出其价值实现的核心逻辑在于推动林草碳汇资源的市场化进程。林草碳汇的资产化转化离不开政府层面的制度构建与技术投资支持；而实现林草碳汇的资本化运作，则需社会资本与市场化操作的深度融合，并依靠政府与市场的协同引导，确保经济效益能够有效反哺林草碳汇资源的开发与持续利用。因此，林草碳汇产品价值实现的核心机制是先通过政府引领的林草碳汇资产化机制，将林草碳汇量转化为使用价值；再借助市场驱动的林草碳汇资产市场化机制，为使用价值赋予经济价值，利用市场实现其交换价值的变现；最终，凭借政府与市场联合构建的生态经济循环体系，全面实现林草碳汇产品的价值（见图4-2）。

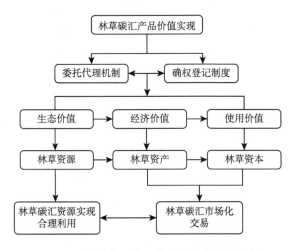

图4-2　林草碳汇产品价值实现的核心机制

一、林草碳汇产品价值实现的关键要素

林草碳汇产品价值的实现，不仅依赖其内在逻辑体系的支撑，还需确保资源、资产、资本三大要素融合统一。随着关键因素递进转化，林草碳汇的核算量逐渐发展为林草碳汇产品价值，从而为生态经济的可持续发展注入动力。林草碳汇产品价值的资源要素是森林和草原生态系统。生态系统为碳汇产品提供了不可或缺的物质支撑与空间载体，是林草碳汇产品存在的先决条件。一旦脱离上述两种生态系统，碳汇产品将不复存在。林草碳汇产品价值实现的资产要素则是资源权益。林草碳汇的价值属性呈现多元化特征，将零散的林草资源与碎片化的林草资源产权进行有效整合，并将其转化为潜在的可利用的资源权益，从而使其具有向货币化转换的潜能。林草资源权益的资产化，明晰了森林和草原生态系统中的权益主体，为林草碳汇市场化转型提供依据。林草碳汇产品价值实现的资本要素是投入经济活动的碳汇资产。资产投入经济活动象征着林草碳汇市场化的开

始。这一举措深入挖掘了林草资源的经济潜力，使碳汇的经济价值得以全面体现，该价值由碳汇本身的价值、各经济主体所投入的物化劳动及活劳动的货币化总和构成。投入生产经营的资产不仅显现了林草资源的经济价值，而且激活了林草碳汇的潜在效益，将原本在人类社会经济发展中无法直接产生经济效益的碳汇转化为具有商品属性的产品。

二、林草碳汇产品价值实现的配套机制

深入分析林草碳汇产品价值实现的核心要素后，建立林草碳汇产品从资源要素到资产要素再到资本要素的转化路径需确保林草碳汇产品在实现全过程中利益均衡分配，并通过相应的机制保障各要素间的顺畅流通。价值共创理念强调经济活动的核心在于各经济主体的互动协作，并揭示产品价值的形成源于生产者与消费者。此外，在生产、流通、交易及消费等各个环节中，生产者与消费者通过不同方式提升产品的附加值，两者是实现产品价值中不可或缺的部分。这一理论诠释了"生态—经济—福祉三者互动关系的重要核心"。价值共创理论指明林草碳汇产品价值的实现重点并不在于对林草资源施以某种价值，而在于关注各参与主体的共创价值，并在此基础上对其进行重构和组合，促使系统成员能够协同创造价值。据此，价值共创理念为设计林草碳汇产品价值实现的配套机制提供了坚实的理论基础。依托价值共创的核心要义，构建以多元主体积极参与为驱动力的林草碳汇产品价值实现配套机制。

以政府为主导的林草碳汇资产化机制的目的是通过对碳汇资源进行合理开发，使林草碳汇资源成为一种资产。森林和草原的公共物品属性决定了政府在林草碳汇开发过程中的主导地位。原因在于政府的主导作用可以保证林草碳汇产品价值实现和生态保护之间矛盾和统一的关系。明确林草资源的种类、数量和质量，为加强林草资源的有效管理奠定基础；推进森林、草地产权的确权工作，并将生态保护落实到人；整合地权，将零散的林地和草地产权进行整合，形成具有明确产权和规模化经营的林草资产以保证土地产权的合理配置；对森林、草地资源进行法律保护，并通过奖惩制度来保护生态环境。确保林草生态系统的能量流转与物质循环顺畅进

行；推进林草资源监督工作，强化林草资源的监管力度，设立专门的林草资源管理部门，制定并执行开发计划及保护措施，同时承担开发计划和保护措施的实施与监督工作。

以市场为导向的碳汇资产市场化运作模式的目的是将碳汇资产转变成资本，以此实现林草碳汇产品的经济价值。碳汇资产的市场化运作长期以来都是依靠市场主体进行的，因而市场对碳汇资产的活化和经济效益的最大化具有较大作用。主要表现为通过市场机制激活资源配置的自发性，并且提升政府单一主体的林草碳汇资产配置功能。市场在林草碳汇资产货币化进程中的主要表现为：林草碳汇产品的配置。实现林草碳汇产品在全社会范围内的流通和交互，并在流通中完成合理配置以减少林草碳汇产品的闲置和浪费；落实林草碳汇产品价值实现的相关政策措施。林草碳汇产品价值的实现，不仅是微观经济活动的表现，也是国家宏观政策目标的要求，因此，市场能够有效地将微观经济活动和宏观政策目标进行有机结合，以此激活林草碳汇的供需关系，推动经济和社会的绿色转型，引导林草碳汇产品的经营管理，并对其供需关系进行调控，反馈交易中的经济信息，进一步引导林草碳汇产品的供给方优化碳汇产品的总量和质量，为我国生态产品价值实现的政策制定提供决策参考。政府在此机制的主要作用是宏观调控，通过平衡林草碳汇产品的供需关系，发布政策导向来引领生产经营的方向，从而有效地把控林草碳汇产品价值实现。科研机构负责深入探索林草碳汇产品的多维价值，个人则作为市场消费的主体，通过市场交易的方式将林草碳汇产品的使用价值转化为经济价值，共同推动林草碳汇产品的价值实现。

政府与市场交叉的价值反馈机制是林草碳汇产品价值实现循环的关键性配套措施，确保积累的资本要素能够有效回馈至资源要素。在这一过程中，政府和市场之间的协同作用是一个重要的环节，即政府要为市场反哺林草碳汇提供条件（如特许经营权、环境税等）。不同于"政府主导、市场辅助"和"市场主导、政府辅助"的模式，交叉领域的价值创造体现在政府与市场间的直接互动。所有相关利益主体都应积极参与，例如在生态保护的基础工作中，政府负责监管生态保护的基础工作并限制各主体行为；企业、合作社、社团、金融机构等需缴纳环境税；研究机构提供技术支持；个人则需履行保护生态环境的义务。

第三节　碳汇价值量评估与核算的现实选择

一、国家与政府层面

（一）为政府决策提供科学依据和参考

第一，碳汇价值量评估与核算揭示了不同行业和地区的碳汇量，使政府能够了解碳汇市场的潜力。政府基于碳汇价值核算结果可以识别出具有较大碳汇潜力的行业和地区，为政府确定碳汇开发重点提供依据。第二，碳汇价值量核算能够帮助政府了解碳汇资源的分布情况，核算结果提供关于不同地区碳汇量和碳汇类型的详细信息，为政府定区域性的碳汇开发策略，充分利用各地区的碳汇资源提供信息支撑。第三，为政府制定碳汇项目规划和管理提供重要依据。政府可以根据核算结果确定优先发展的碳汇项目类型和规模，以此制定相应的项目规划和管理措施，指导政府合理分配资源和确保碳汇项目的有效开展和管理。第四，帮助政府制定合理的碳排放目标。通过核算不同行业的碳汇量和碳排放量，政府通过地区经济发展水平、产业结构和碳减排的可行性等因素，设定既符合国家可持续发展战略又考虑行业实际情况的碳排放目标，同时确保目标的可实现性和有效性。第五，为政府制定激励措施和引导资金投入提供保障。政府基于碳汇价值核算为低碳技术创新和应用提供支持和激励政策，鼓励企业和机构采取更加环保和低碳的生产方式。

（二）加强国际合作，推动跨国碳汇项目的合作与实施

通过碳汇价值量评估与核算政府能够与其他国家分享评估方法核算技术及核算结果，在提供不同地区碳汇潜力信息的基础上，吸引外国投资者和碳市场参与者进入本国碳市场，并为国际碳市场参与者提供了决策依据，促进国际碳汇交易的开展。同时，政府基于核算结果识别出与其他国

家具有互补性的碳汇项目，通过合作开展跨国碳汇项目，不仅实现碳减排的协同效应，还可以共享技术、经验和资源，提高碳汇项目的效益和可持续性。最后，政府与其他国家合作共同制定碳汇价值量核算的标准和方法，确保核算结果的可比性和公正性，有助于完善国际标准和规范，促进全球碳市场的互联互通和规范化发展，这也有助于增强国际碳市场的透明度、可信度和流动性，促进全球碳减排目标的实现。

（三）树立大国形象，提供合作共赢的机会

积极开展碳汇价值量评估与核算足以展示我国应对气候变化的高度重视和积极行动的决心，同时表明我国在了解、核算和管理碳汇资源方面具备领先的能力和专业知识。这有利于我国树立在全球气候治理中的大国形象，展示我国作为全球领导者的责任担当。此外，作为世界上最大的温室气体排放国之一，我国在减排和碳汇开发方面面临巨大的挑战和机遇，通过与世界各国共享我国的核算结果和经验，加强与其他国家合作，共同开展碳汇项目、推动碳市场发展，实现碳减排的协同效应和促进经济的绿色转型，为我国提供与其他国家开展合作共赢的机会，并在国际舞台上进一步树立我国作为合作伙伴的形象。此外，合理的碳汇价值量核算也为我国提供与发达国家之间开展合作平台的可能性，发达国家通常拥有较高的碳汇价值和碳市场发展经验，我国可以吸取发达国家的成功经验，并与其合作开展碳汇项目和碳市场交易，通过国际合作促进技术和知识转移，加速我国在碳减排和可持续发展领域的进步。最后，如何精准和高效率地进行碳汇价值量核算成为激活产业动能、促进碳汇产业发展的重要环节，科学的碳汇价值核算不仅有利于改善我国的生态环境、完善我国碳汇交易市场、助力我国"碳达峰、碳中和"的目标实现，更有利于展示我国作为大国在国际上带领其他国家共同进行环境治理的责任与担当。

二、碳汇产业链层面

（一）激励农户积极参与碳汇交易

第一，开展碳汇价值评估与核算可以增进农户与林业部门的联系，提

升农户对碳汇项目的认知程度，增加碳汇交易双方的信任和扩大农户参与碳汇交易的意愿。农户与政府的关系不紧密的主要原因是农户接收政策的时滞性，且较多农户受限于其自身文化水平，并不能通过知悉相关政策调整自己的生产经营活动，导致农户与政策联系得不紧密。碳汇价值核算能够将农户与林业部门紧密联系，林业部门能够为农户提供专业的指导和支持以完善碳汇开发，核算中的合作有助于建立农户和林业部门的信任和合作关系，进一步推动碳汇项目的开发和实施。第二，碳汇价值评估与核算可为农户提供碳汇项目的详细信息，通过核算结果可以增加农户对碳汇项目的认知和理解程度，明确农业和林业活动在解决气候变化问题上的重要性与必要性。第三，碳汇价值核算为农户提供了关于碳汇项目潜在收益和经济效益的信息。农户能够了解碳汇交易的潜在利益，包括额外的收入来源等，这对于在传统农业活动中收入受限的农户尤其重要。经研究发现：开展 CCER 项目的地区农村居民人均收入相较于未开展 CCER 项目的地区平均提高了 16.1%；且 CCER 项目可以提高农村地区的非农就业能力，进而改善农民收入，非农就业人口每增加 1%，农村居民人均可支配收入可以提升 0.5%。此外，碳汇开发还可以为农户提供关于碳汇项目管理指导，以帮助其优化碳汇资源的利用和管理。农户以此更了解在碳汇交易中的角色和责任，进而增强其参与碳汇交易的意愿。

（二）解决碳排放核算困难问题

碳汇价值评估是核算的前提，无论是评估方法还是核算技术均基于科学的方法和相关模型进行计量，从根本上可以解决碳排放核算的准确性和可靠性问题，便于碳汇项目进行交易，同时也降低了信息搜集成本和信息不对称问题。专业碳汇价值核算降低了农户参与碳汇项目的门槛，使农户能够更加全面和准确地了解参与碳汇项目的情况。碳汇价值量核算能够对碳汇项目长期收益进行估算，有利于农户深入了解参与碳汇项目的长期利益，碳汇价值量核算可以作为交易合同中的参考指标来确定碳汇交易的数量、期限和价格等关键要素，在促进碳汇市场形成和发展的同时增强农户对碳汇项目的信心和长期参与的意愿。

（三）碳汇价值量核算促进需求方减排并提升企业形象

首先，通过对碳汇资源的评估与核算可以提供其潜在价值的信息，揭示碳汇资源的稀缺性和贡献度。确保交易价格与资源的实际价值相符，有利于制定合理的交易价格，为市场参与者提供参考依据。我国正在逐步推行碳汇交易市场完善，并制定且出台相关的政策以增强企业减排意愿，并将其强制纳入碳排放交易体系中，价值量核算可以激励并引导企业购买碳汇资源实行碳减排。在国家环境规制的前提下，部分超额碳排放企业必须制定目标以达到减排目标，企业通过碳汇价值核算能够了解到碳汇资源的潜在价值和可获得性，从而可以考虑将超额排碳量与碳汇交易相结合。碳汇核算结果可以指导企业选择适当的碳汇项目，将超额排放量转化为碳汇资源以实现碳汇交易的平衡。这样不仅可以弥补超额排碳的负面影响，还可以为企业带来额外的经济收益，促进可持续发展和碳减排目标的实现。

其次，我国政府目前尚未开征碳税，同时国内的碳交易市场并未完全形成，目前绝大多数的碳汇交易均为自愿减排成交，企业选择购买碳汇产品更多是为了表征其企业形象。企业通过积极参与碳汇交易抵消其碳排放，并向社会传递出积极的环境保护信号，这不仅有助于降低企业的碳足迹，还有利于企业树立积极的形象，提升其社会声誉和品牌价值。

最后，碳汇价值量核算体系稳筑市场，避免投机倒把行为。我国碳交易市场尚未完全建立，在不完善的市场中存在大量投资者和投机者，他们通过利用不同碳汇项目的市场价格差异进行频繁的交易，进而导致碳汇市场的不稳定。通过碳汇价值核算可以建立交易规则和机制，交易的限制、审查机制可以规范市场参与者的行为，限制投机性交易，防止价格操纵和不当行为并确保市场的稳定运行。在我国尚未形成统一的碳交易市场的前提下，依托科学方案确定碳汇价值量核算体系，有助于我国快速推进碳交易市场的完善，同时也为买方市场的需求价格提供了全新的视角，碳汇价值量核算体系可以为企业制定合理的碳汇价格，帮助健全碳交易市场，使市场参与者能够准确了解碳汇的真实价值，合理地选择碳汇价格进行交易，降低虚假宣传和非公平竞争行为。

三、第三方中介层面

在林草碳汇的评估、核算以及交易过程中，除碳汇的买卖双方外，还有许多参与者，包括为买卖双方提供核算功能的核算平台、提供交易场所的交易平台、保障公平交易的监管平台以及提供贷款等资金的银行。

（一）提升核算平台专业性、促进行业发展

一是碳汇资源的种类众多，包括森林碳汇、草原碳汇、湿地碳汇、耕地碳汇等众多类型，使用不同的碳汇价值量核算方法对不同种类的碳汇资源进行核算就显得尤为重要。基于科学研究、技术规范和政策要求进行碳汇价值量评估与核算，同时考虑碳汇资源的类型、来源、特征和潜力等因素，制定合理的评估指标和核算方法，同步科技进展、政策变化和实践经验的发展，有助于确保核算的时效性和准确性。

二是碳汇价值量核算有利于形成行业规范，便于监管和避免垄断。缺乏合理的碳汇价值量核算手段则可能导致个别核算平台为一己私利做出不公正的核算结果，影响整个核算行业的形象，碳汇价值量核算帮助建立行业内的统一核算标准和方法，确保核算的准确性和可比性，通过政府、行业组织或国际标准机构等主导制定相关标准，涵盖碳汇资源的核算指标、测量方法、数据收集和分析等方面，同时加强碳汇核算结果的信息公开和透明度，确保市场参与者和监管机构可以获得准确和及时的核算信息，提高市场的透明度和效率。

三是现行的核算方案冗杂，缺乏具有影响力的核算体系，不断完善碳汇价值量核算体系可以推动碳汇核算趋于科学化，同时也可建立专业的碳汇核算人员培训机制，包括培训课程、资格认证和实践经验积累等方面。培训应注重理论知识、实践操作和案例分析的传授，提高核算人员的实际操作能力和专业水平，也可以通过建立核算人员的交流平台促进经验共享和知识交流，核算机构、研究机构和政府部门可以组织研讨会、学术会议等活动，促进核算人员之间的交流和互动，不断提高核算的水平和质量。

（二）督促交易平台完善资源分配

自国际环保条约实施以来，尚未在国际上形成完整的多层次的碳交易市场体系。碳汇价值核算有助于从国内市场出发，探索合理的碳汇定价方法和碳汇产品价值实现机制，为碳汇产品的市场化流通提供基础，进而根据其市场潜力和规模来设计和建立相应的碳汇交易平台。具体来讲，碳汇价值核算可以针对不同类型的碳汇资源进行核算，揭示其潜在的经济价值和市场需求，基于此交易平台可以有针对性地利用市场化配置资源的手段为交易平台提供服务，确保资源的高效利用和市场供需的平衡。同时，碳汇价值核算体系的完善促使核算平台专注于专业核算，同时也解放了交易平台，使其专注于第三方提供交易服务，便于进行公平竞价买卖和提高交易效率，不断完善碳汇的交易保障机制。

目前，我国的碳汇市场虽然达成了一些碳汇交易，但是其资本市场规模仍然较小。资本结构不合理等问题导致我国的碳汇市场的核心竞争力不足。通过碳汇价值核算和交易平台可以发现碳汇交易市场的潜在机会和发展空间，制定有吸引力的交易机制和利益分配方式吸引社会资本积极参与碳汇交易。交易平台通过建立高效便捷的交易平台和交易流程降低参与碳汇交易的成本和门槛，社会资本更容易参与碳汇交易并建立合作关系，共同开展碳汇项目的开发和交易。

（三）明确监管平台职责、保障行业发展

碳汇价值核算体系的建立有利于碳交易监管体系的统一，对交易进行有效的监管可以在一定程度上避免市场失灵，仅通过市场的供需完成对碳汇产品的配置可能会由于碳汇市场的局限性而导致很多不确定性，碳汇价值核算可以为监管机构提供数据分析和合理的监管决策。核算结果可以用于确定碳交易的合理价格范围、交易量限制、市场准入条件等，以确保市场的稳定运行和防范风险，充分发挥市场能力和政府调控作用，使碳汇交易市场快速发展。

只有经过严格碳汇价值核算出来的碳汇产品才可以进入交易市场进行交易，在对碳汇产品进行核算时，需要有资质的权威核算机构和政府部门

的监管体制对碳汇交易保驾护航，通过结果的监测和分析，监管部门可以及时发现市场异常和风险信号，并采取相应的措施加以应对，从而减轻监管压力和保障市场的稳定性。碳汇价值核算可以作为一个核算准则，其公平性可以使市场上的众多参与者严格遵守并相互监督，在一定程度上起到了监管的作用，减少监管部门的压力。此外，我国碳汇市场尚不完善，相关的法律体系也亟须建立，碳汇价值核算作为碳汇交易的核心主体，相关的监管体系和法律体系也多应围绕碳汇价值核算展开，监管部门可以依托碳汇价值量核算体系明确监管主体和撰写有关的政策法规，保证碳汇交易的合法过程以及其签署合同的有效性，进而构建一个分工明确、权责清晰的碳汇交易监管体系。

（四）鼓励银行更多参与碳汇产业

现阶段参与碳汇产品交易业务的银行仍然较少，已发放质权抵押贷款的银行也面临着后续价值核算难等问题。通过核算碳汇项目的潜在收益和风险，银行可以更准确地核算项目价值以在贷款和融资过程中提供参考，使银行能够根据碳汇项目的预期价值为企业提供更为灵活和定制化的质押方案，有助于降低企业的融资成本，提高融资的可行性，同时减少银行的风险暴露。

目前，银行等金融机构尚不能直接参与全国的碳交易市场，只是通过一些基础的金融服务支持碳汇市场的发展，碳汇价值核算加速碳交易市场成熟，鼓励银行直接参与二级市场交易。随着全国碳汇交易市场的逐步成熟，银行可以更准确地了解碳汇资源的价值和潜力，为其提供支持的碳汇交易提供依据，银行的参与将有助于增加市场的流动性和活跃度，为碳交易市场带来更多的资金和资源，促进市场进一步成熟与完善。

碳汇价值核算可以提高绿色金融的品牌影响力，助力银行开发更多的金融产品。目前碳汇资源的项目周期较长，导致碳汇项目的融资受限，通过碳汇价值核算，银行能够全面了解碳汇资源的价值和潜力，从而为其开发创新的金融产品提供依据和方向。银行从而基于核算结果设计和推出与碳汇相关的金融产品，如碳信贷、碳资产证券化、碳基金等，满足不同客户的需求和风险偏好，不同的金融产品既能满足投资者对绿色和可持续发展的需求，也能为碳汇项目提供融资支持，推动绿色金融不断发展和普及。

四、社会与公众层面

碳汇价值核算能促使碳汇产业快速成熟以及碳汇市场的不断发展，使社会与公众更关注碳汇领域，同时由于碳汇项目具有较强的正外部性，能够增强居民福祉，同时在此过程中也能增强居民环保意识。此外，碳汇交易市场的完善也可以创造出更多的就业机会，其合理的价值量核算也能够规范行业的入行标准，吸引引导更多的人员参与从业，进而继续发展碳汇交易市场，形成良性循环，为我国的"碳达峰、碳中和"目标助力。

第四节　本章小结

本章以林草碳汇产品价值实现为立足点，对以理论逻辑、制度逻辑、技术逻辑和实现路径组成的基本逻辑框架和林草碳汇产品价值实现核心机制进行详细剖析，阐明基本逻辑要素之间须相辅相成，相互促进，同时市场化和货币化是林草碳汇产品价值实现的重要核心。围绕林草碳汇价值的实现路径，详细阐述林草碳汇价值实现需要资源要素、资产要素和资本要素的有机结合。最后从国家与政府、碳汇产业链、第三方中介和社会与公众层面四个维度来说明林草碳汇价值量核算与核算的现实选择，以此来推动林草碳汇产品价值实现。

第五章 林草碳汇价值量核算的实证研究

林草碳汇产品价值核算与林草碳汇产品价值实现并非相互独立,而是存在着紧密联系。科学、准确的核算方式是探索林草碳汇产品价值实现路径的重要基础与前提。目前,学术界关于森林碳汇价值量的界定尚存争议,一部分学者利用森林固碳总量对碳汇价值进行核算,另一部分学者则利用森林固碳增量对碳汇价值进行核算,导致评估结果缺乏横纵向可比性。因此,对于森林碳汇价值核算方法的规范性和统一性问题仍存在深入探究的空间。本书建立林草碳汇产品价值核算体系,运用改进的固碳速率法测算林草碳汇实物量,基于最优价格模型、碳税法和造林成本法确定碳汇价格,进而实现林草碳汇产品价值的核算。相比于以往研究,本书考虑因素更加全面,也为探索林草碳汇产品价值实现路径奠定了良好的数据基础。

第一节 研究区选择与数据来源

一、研究区选择

20 世纪以来,全球在经济飞速发展的同时伴随着人口快速发展、土地滥垦过牧、森林大量砍伐等问题,二氧化碳(CO_2)等温室气体排放增加和自然资源的过度消耗加剧了全球气候变暖的现象,对人类的生产、生活、生存造成了严重影响。我国作为世界上最大的发展中国家,"双碳"目标的实施将为减缓气候问题、保护地球家园作出关键贡献,同时以"碳达峰、碳中和"驱动我国实现技术创新和发展转型,是我国经济社会高质量发展的内在要求,是生态环境高水平保护的必然要求,也是缩小和主要发达国家之间发展水平差距的历史机遇。森林和草原是陆地上较大的碳储库和经济有效的吸碳器，据 IPCC 估算数据，全球陆地生态系统约储存了 2.48 万亿吨碳，其中 1.15 万亿吨碳储存在森林生态系统中，尽管森林面积仅占全球面积的 27.6%，但是森林植被碳储量却约占全球植被碳储量的 77%，森林土壤碳储量约占全球土壤碳储量的 39%，森林生态系统碳储量占陆地生态系统碳储量的 57%。相对于森林主要分布的区域，草地覆盖的地域更为广泛，同时对多变的气候条件具有更强的适应性。据统计，我国天然草地每年固碳量可达每公顷 1~2 吨，年总固碳量约为 6 亿吨，可占全国年碳排放量的一半，即草原生态系统具有更大的碳汇潜力。在固碳成本方面，国内有专家指出中国种植森林每储存 1 吨二氧化碳的成本约为 122 元，天然草原固碳方式平均固定每吨碳的成本约为 200 元，但是实施工业减排措施每吨成本可能高达上万元。此外，林草碳汇还具有涵养水源、保持水土、创造就业、带动当地发展等多种生态、经济、社会功能。在应对全球气候危机、国家积极实施"双碳"目标的新形势下，重新审视和核算林草碳汇价值、探索林草碳汇价值实现途径，对于推动生态保护与经济发展协同可持续高质量发展具有十分重要的理论及实证价值。

内蒙古自治区地域狭长，横跨东北、华北和西北，地处 97°12′~126°04′E，37°24′~53°23′N，海拔 86~3496 米，全区面积 118.3 万平方千米，生态资源丰富，林草碳储量巨大，是我国北方面积最大、种类最全的生态功能区，也是祖国北疆重要的生态安全屏障。根据自治区第八次森林资源清查结果，全区林地面积 6.75 亿亩，其中森林面积 3.92 亿亩，森林蓄积 15.27 亿立方米，森林覆盖率达 22.10%，相比 2013 年自治区第七次森林资源清查结果，全区森林面积增加了 1904.25 万亩，森林覆盖率提高了 1.07 个百分点，森林蓄积增加了 1.82 亿立方米。内蒙古草原则是欧亚大陆草原的重要组成部分，天然草原面积 13.2 亿亩，草原面积占全国草原总面积的 22%，占全区国土面积的 74%，2018 年草原植被盖度 43.8%，与 2000 年相比提高了 13.8 个百分点，部分地区草原生态已恢复到 20 世纪 80 年代中期水平。因此，内蒙古目前具备良好的林草碳汇发展潜力。

考虑到区域的典型性、数据的可获取性以及能够更好地与新疆、西藏、青海等其他自然资源丰富的省份进行横向对比研究，本研究实证分析选择以内蒙古自治区作为研究区域，以对林草碳汇产品价值的核算与实现进行深入探究。

二、研究区概况

（一）区位概况

1. 地理位置

内蒙古自治区位于我国北部地区，地处 97°12′～126°04′E、37°24′～53°23′N，自西向东呈狭长形，东西长 2400 千米，南北宽 1700 千米，横跨东北、华北、西北。总面积为 118.3 万平方千米，占全国总面积的 12.3%，东部与辽宁、黑龙江、吉林三省毗邻，西部与甘肃省接壤，南部与西南部分别与河北、山西、宁夏、陕西四省相连，北部则与蒙古国和俄罗斯接壤，国境线长达 4200 多千米。内蒙古共下辖 12 个地级行政区，包括 3 个盟和 9 个地级市，分别为阿拉善盟、锡林郭勒盟、兴安盟、乌海市、巴彦淖尔市、鄂尔多斯市、包头市、呼和浩特市、乌兰察布市、赤峰市、通辽市和呼伦贝尔市（见图 5-1）。

2. 地形地貌

内蒙古自治区地形地貌复杂多样，不同区域之间差异较大，主要由高原、山地、丘陵、平原、沙地五类地貌单元组成，分别占行政区域总面积的 53.4%、20.9%、16.4%、8.5% 和 19.2%，此外河流、湖泊及水库等水域共占总面积的 0.8%。自治区地势由南向北、由西向东逐渐倾斜下降，平均海拔高于 1000 米，其中最高海拔达 3556 米。同时，不同区域之间具有较大的气候差异，与复杂的地形共同作用，对大气环流和地表水热条件的再分配造成影响，使自治区植被的分布与发育呈现明显的空间异质性，进而形成独特的自然资源与自然条件。

3. 气候特征

内蒙古自治区纬度较高，以温带大陆性季风气候为主，仅有大兴安岭

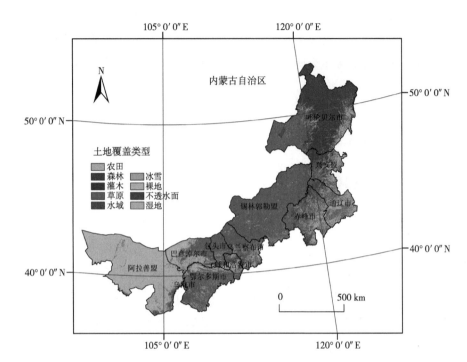

图 5-1 内蒙古自治区行政区划与土地利用图

北段为寒温带大陆季风气候。内蒙古大部分地区年平均气温为 0~8℃，夏季气温在 25℃左右，冬季则具有寒冷漫长的特点，其中中西部最低气温能够低于 -20℃。降水量方面，自治区全年平均降水量可达 500 毫米以上，但存在显著的时空异质性，主要集中于夏季且空间上呈由东向西逐渐递减的趋势。此外，全年大风日数平均在 10~40 天，其中 70% 发生在春季，且沙暴日数大部分地区为 5~20 天。

4. 水文条件

内蒙古自治区拥有以黄河、西辽河、嫩江和额尔古纳河四大水系为主的大小河流千余条，其中，流域面积在 300 平方千米以上的河流有 450 余条，流域面积在 1000 平方千米左右的河流约 200 条。在水资源空间分布方面，自治区水资源分布严重不均衡，与人口、耕地分布也不相适应。例如，东部地区黑龙江流域土地面积、耕地面积和人口数量分别占全区的 27%、20% 和 18%，而水资源总量却占到全区的 67%，人均占有水资源量是全区均值的 3.6 倍；中西部地区的西辽河、海河、黄河 3 个流域总面积占全区的 26%，耕地和人口分别占全区的 30% 与 66%，而水资源仅占全区的 24%，大部分地区水资源紧缺。

5. 土壤类型

内蒙古自治区拥有丰富多样的土壤种类，依据土壤属性，具体可分为 9 个土纲与 22 个土类。全区土地带由东北向西南排列，依次为黑土地带、暗棕壤地带、黑钙土地带、栗钙土地带、棕壤地带、黑垆土地带、灰钙土地带、风沙土地带和灰棕漠土地带。在全区土地利用方面，耕地占土地总面积的 7.32%，林地和草地分别占土地总面积的 16.40% 和 59.86%，水域及沼泽地占 1.43%，城镇村及工矿园地占 0.84%，交通用地占 0.27%，未利用土地占 13.85%。

（二）自然资源概况

1. 矿产资源

内蒙古地域辽阔，成矿地质条件优越，具有丰富的矿产资源。据统计，全区共有 103 种矿产的保有资源量位居全国前十，其中 48 种矿产的保有资源量居于全国前三，煤炭、铅、锌、银、稀土等 21 种矿产的保有资源量为全国第一。自治区中西部地区富集铜、铅锌、铁、稀土等矿产，中南部地区富集金矿资源，东部地区则以富集银、铅锌、铜、锡、稀有金属、稀散金属元素矿产为主。内蒙古 12 盟市均有能源矿产资源分布，但主要集中在鄂尔多斯盆地、二连盆地（群）和海拉尔盆地群三个区域。截至 2020 年底，内蒙古具有查明资源储量的矿产 125 种（含亚种），列入《内蒙古自治区矿产资源储量表》的矿产 119 种。

2. 森林资源

内蒙古自治区是我国森林资源相对丰富的省区之一，从东到西分布有大兴安岭原始林区和 11 片次生林区（大兴安岭南部山地、宝格达山、迪彦庙罕山、克什克腾、茅荆坝、大青山、蛮汉山、乌拉山、贺兰山、额济纳次生林区），以及经长期建设形成的人工林区。其中，天然林主要分布在大兴安岭原始林区和南部山地等，人工林则遍布全区各地。2020 年，全区森林面积为 4.08 亿亩，居全国第一位，森林覆盖率达 23.0%；人工林面积为 9900 万亩，居全国第三位；森林蓄积量为 16 亿立方米，居全国第五位。此外，全区乔灌树种丰富，林木树种主要包含白桦、杨树、落叶松、榆树、白刺、柠条、沙柳等。

3. 草地资源

草原是内蒙古自治区最大的陆地生态系统，是农畜产品生产基地和能源战略资源基地建设的重要保障，也是我国北方生态安全屏障的重要组成部分。内蒙古草原是欧亚大陆草原的重要组成部分，草原总面积占全国草原总面积的 22% 与全区土地面积的 74%，其中，天然草原面积为 13.2 亿亩。自治区自西向东分布着温性草甸草原、温性典型草原、温性荒漠草原、温性草原化荒漠和温性荒漠类五大地带性草原类型，共占全区草原总面积的 89%，同时还分布有山地草甸类、低平地草甸类和沼泽类三类地带性植被。

4. 野生动植物资源

在野生植物资源方面，内蒙古共拥有维管植物 2686 种，其中野生维管植物 2498 种，引种栽培的维管植物 188 种，分别隶属于 144 科和 83 属，被列为第一批国家保护的野生植物 13 种。在野生动物资源方面，内蒙古多样复杂的生境孕育了丰富的野生动物种类。截至 2020 年，全区共有陆生野生动物 683 种，其中列入国家一级、二级重点保护动物的陆生脊椎动物 116 种，列入中国濒危动物红皮书动物名录的野生动物 100 种。

（三）社会经济概况

2023 年，全年地区生产总值 24627 亿元，较上年增长 7.3%。其中，第一产业增加值为 2737 亿元，较上年增长 5.5%；第二产业增加值为 11704 亿元，较上年增长 8.1%；第三产业增加值为 10186 亿元，较上年增长 7.0%。第一、第二、第三产业比例为 11.1∶47.5∶41.4，对地区生产总值增长的贡献率分别为 8.7%、45.7% 和 45.6%。此外，人均地区生产总值达到 102677 元，较上年增长 7.4%。

2023 年末，年末全区常住人口 2396 万人。其中，城镇人口 1667.1 万人，乡村人口 728.9 万人。常住人口城镇化率为 69.58%，较上年末提高 0.98 个百分点。男性人口 1227.1 万人，女性人口 1168.9 万人。全年出生人口 12.0 万人，出生率为 5.00‰；死亡人口 20.2 万人，死亡率为 8.42‰。

三、数据来源及处理

（一）林草碳汇实物量相关数据

森林植被固碳速率、森林土壤固碳速率、碳转化为二氧化碳的转换系数等参考生态环境部环境规划院与中国科学院生态环境研究中心编写的《陆地生态系统生产总值（GEP）核算技术指南》。此外，草地生态系统土壤固碳速率通过参考相关文献，采用 $0.3320t/(hm^2 \cdot a)$。

内蒙古森林、草地、行政区域面积：内蒙古森林面积数据来自《中国环境统计年鉴》《中国社会统计年鉴》《中国林业统计年鉴》《中国区域经济统计年鉴》《中国统计年鉴》；内蒙古各盟市森林、草地面积分别来源于武汉大学发布的 2009—2018 年和 2000—2021 年 30 米分辨率中国年度土地利用覆盖数据，经 ArcGIS 面积制表工具提取获得；各盟市行政区域土地面积来自《内蒙古统计年鉴》《内蒙古经济社会调查年鉴》《中国城市统计年鉴》。

（二）林草碳汇价格相关数据

根据最优价格模型确定的碳汇价格，借鉴张颖等的研究，我国森林碳汇最优价格区间为 10.11～15.17 美元/吨，一般选用上限；对于碳税价格，目前世界上共有 27 个国家和 7 个地区采用碳税，碳税制度实施比较好的一般是位于欧洲的芬兰、丹麦等国家，我国尚未将碳税作为独立税种进行征收，参考刘梅娟等（2022）根据 2008 年 4 月国家林业局发布的《森林生态系统服务功能评估规范》推荐碳汇资产单价标准采用的瑞典碳税率 150 美元/吨碳；对于运用固定二氧化碳的造林成本法得到的碳汇价格，根据谢高地等（2011）的研究，碳汇价值被切分为碳固定价值和碳蓄积价值，参考李文华等（2007）对固定碳的造林成本的研究数据，碳固定价值为 365 元/吨二氧化碳，碳蓄积价值 20.5 元/吨二氧化碳，即固定二氧化碳的造林成本为 385.5 元/吨。

第二节 基于市场化机制的碳汇价值量 核算方法体系的建立

一、碳汇特征及碳汇价值属性

（一）森林碳汇特征

自 2001 年起，我国开始实施全球碳汇项目，并对林业碳汇项目给予政策支持和重视。2004 年，我国国家碳汇管理办公室在内蒙古、山西、四川等地启动了林业碳汇试点项目。2015 年，《强化应对气候变化行动——中国国家自主贡献》提出通过大力开展造林绿化、继续实施天然林保护、退耕还林还草以及加强森林经营等措施来增加森林碳汇。我国林业碳汇探索发展已有二十余年，针对我国实际情况，已形成了符合国内实际情况的审核标准、技术标准和交易规则。目前，国内林业碳汇市场主要包括 CCER、CGCF、FFCER、PHCER 等几大类项目，它们针对的森林资源覆盖区域和目的各不相同。

1. **碳汇减排的低成本性**

森林碳汇以固碳方式减少大气中的二氧化碳（CO_2），控制 CO_2 排放总量，实现减排目的。以森林碳汇形式减排，是间接减排方式的一种，成本相较于直接减排方式更加低廉。有相关研究指出在中国种植森林每储存 1 吨 CO_2 的成本约为 122 元，也有研究表明使用人工造林方式固碳每吨成本约在 450 元。相比于直接减排方式，间接减排方式在一定程度上是更加经济有效的，例如实施工业减排措施每吨成本可能高达上万元，据测算我国煤的使用比重每降低 1%，在 CO_2 排放量下降 0.74% 的同时，GDP 会下降 0.64%，居民福利下降 0.60%，就业岗位减少 470 多万个。由此可见，与以森林固碳为代表的间接减排方式相比，直接减排不仅成本高昂，还会对国家经济发展造成直接影响，影响公民生活质量，增加社会的不稳定因素。

2. 碳汇容量的有限性

森林是全球陆地上最大的储碳库，具有巨大的固碳潜力，根据 IPCC 估算数据，全球陆地生态系统约储存了 2.48 万亿吨碳，其中 1.15 万亿吨碳储存在森林生态系统中，森林面积占全球面积的 27.6%，森林植被碳储量约占全球植被碳储量的 77%，森林土壤碳储量约占全球土壤碳储量的 39%，森林生态系统碳储量占陆地生态系统碳储量的 57%。科学研究揭示，林木每生长 1 立方米平均可吸收 1.83 吨 CO_2 并放出 1.62 吨氧气（O_2），同时森林中的植被不仅在林木存活状态下可以固定大量 CO_2，当林木在枯死但未腐朽状态下及林木被砍伐制成木制品状态下也可以固定 CO_2，固定时间最长可达上千年。但是，随着生态系统逐渐趋于成熟和稳定，其固碳能力也将逐渐趋于饱和，会发生碳汇能力减弱、增汇成本不断增加、边际效应下降的现象，即森林生态系统的碳汇能力存在上限，碳汇容量具有一定的有限性。

3. 碳汇功能的多样性

根据森林碳汇项目实施的造林和再造林，不仅具有涵养水源、保持水土、防风固沙、调节气候等生态功能，还具有经济功能与社会功能。首先，能够进行森林碳汇项目建设的地区，一般都位于经济较为落后、居民生活较为贫穷的地域，项目的实施可以在当地创造大量就业机会，并且可以通过碳贸易促进当地经济发展。例如，在印度 Adilabad 地区碳汇试点项目中，有研究发现在退化的次生林地上辅助进行天然更新，每公顷成本仅为 10 美元，但在项目中假设每公顷林地可以固定 5 吨碳，预计收入为 8 美元/吨，即预计每公顷可实现收入 40 美元，表明通过碳贸易获得的收入远高于森林恢复所需成本。其次，森林建设还可以带来林产品、林副产品的开发，例如提供优质木材、木制品的原材料等，在项目周期结束、对林木资源进行合理砍伐利用时，当地居民能够通过林、林副产品的出售增加收入。最后，如果当地及周边具有旅游项目，森林建设带来生态效益的同时改善了该地区自然环境，为旅游业的发展提供了环境和气候前提，进而促进当地旅游业发展，提高当地旅游业收入。由此可见，森林碳汇项目在发挥生态效用的同时还具有经济效用与社会效用，可以促进当地经济、生态、社会的可持续发展。

4. 碳汇空间的竞争性

碳汇虽然具有多样性的功能作用，但是由于生态系统需要保障各类生态产品的生产供给，可能会导致发展碳汇所占用的空间与其他产业空间产生竞争关系。例如，森林生态系统的碳汇能力大于农田系统，生态服务功能多于农田系统，从缓解全球气候变化、塑造生态屏障的角度优于农田系统，而农田系统是粮食安全的保障，是保障人类生存必需品的生产基地，但是两者在空间上存在竞争关系，即如果发展了其中一种系统，另一种系统发展的空间就会减少。在现实生态产品生产中，不能仅仅为了森林碳汇的提升，就盲目大量侵占农田系统等其他类型系统的空间载体资源。

5. 碳汇项目的经营复杂性

森林碳汇项目在经营管理方面具有一定的复杂性，尤其是对于时间匹配方面具有苛刻的要求。森林碳汇项目周期较长，国际上已经开展的碳汇试点项目周期一般在 50 年左右，而森林不同生长周期固碳能力、经济能力不同，这就对森林碳汇项目周期与森林生长情况提出了较高的匹配度要求。例如，对于周期为 50 年的森林碳汇项目，在我国北方地区将比南方地区更适合开展森林碳汇，因为南方气候具有气温高、降雨多、湿度大的特点，适宜森林生长，从而导致森林生长速度快，只需要 10 ~ 20 年就可以达到成熟，但由于森林碳汇项目周期在 50 ~ 100 年，所以森林在一大半时间中会处于过熟状态，森林活力下降，固碳能力下降，即在项目运行的大部分时间中森林固碳能力处于衰弱阶段，并且当项目周期达到标准、可以对森林进行砍伐将其作为木材或者制成木制品时，木材质量也已经下降，又导致经济收益的降低；而北方地区气温偏低、气候干燥，这些条件会使得森林生长速度较慢，但延长的生长周期正好与项目长周期吻合，只要经营科学合理，在整个项目期间森林的活力和固碳能力会一直处于上升趋势，当周期达标时还可以为社会提供高质量的木材和木制品，使其生态价值和经济价值同时发挥最大化效用。相反，如果是对于周期为 20 ~ 30 年的森林碳汇项目，则我国森林生长速度更快的南方地区比北方地区更合适，只要选取合适的林种和科学的经营策略，就可以实现生态效益与经济效益的协同发展。由此表明，森林碳汇项目地域、林种、经营方法等选择需要根据项目周期长度进行合理匹配，否则无法使碳汇项目达到预期效果。

（二）草原碳汇特征

草地碳汇研究相对于森林碳汇而言起步较晚，其关注度也是在林业碳汇和海洋碳汇交易取得显著成效后才逐渐增加。在《中国应对气候变化的政策与行动》的年度报告中，2012年、2019年和2020年均明确提出了增加草地碳汇的重要性。2018年，国家林业和草原局生态保护修复司也强调了对于草地碳汇功能的重视。此外，一些省份还将草地碳汇的开发、交易和监测纳入了"十三五"和"十四五"规划。通过对草原碳汇相关研究成果的梳理，并将其与森林碳汇进行对比，总结出草原碳汇具有以下四个特征。

1. 草原碳汇潜力大且固碳方式稳定

相对于森林主要分布的区域，草地覆盖的地域更为广泛，同时对多变的气候条件具有更强的适应性，这是由于草本植物对于地域和气候的适应性更加突出。草原作为世界上分布最广泛的植被类型之一，在全球陆地面积中覆盖率达到25%～50%。在我国，草原生态系统是陆地上面积最大的生态系统，拥有各类天然草地约4亿公顷，是耕地面积的3.2倍、森林面积的2.5倍。同时，草原植被生长在地表，可接受的光照面积更为广阔，且草原植被中绿色部分的比重高于森林植被，因此具有更高的光合作用效率和更快的生长速度。据统计，我国天然草地每年固定的碳量可达每公顷1～2吨，年总固定碳量约为6亿吨，约占全国年碳排放量的一半。因此，草原生态系统的碳汇具有更大的开发潜力。

在草原的碳固定过程中，大部分碳被储存在草原植被的根系和土壤中，使得草原固碳能力受外界因素的影响较小，特别是在发生火灾等容易导致碳释放的突发事件时，与森林相比草原释放的碳量明显较少，即草原的碳储量更加稳定。此外，中国草原地区的有机碳主要分布在高寒和温带地区，这些地区具有低温和低蒸发的气候特征，土壤有机质的状态相对稳定，固定在土壤中的二氧化碳可以长期滞留，形成一个稳定的碳储库。因此，与森林相比，草原的碳固定具有更高的稳定性。

2. 草原碳汇项目具有高收益性

相关统计资料显示，草地具有更短的生长周期，草地固碳具有更低的成本，这使得草原碳汇发展拥有更大的收益潜力和空间。首先，在固碳成本方面，天然草原平均每固定 1 吨碳的成本约为 200 元；而对于森林碳汇项目，项目总成本可达 150 万元，其中人工造林方式每固定 1 吨碳的成本约为 450 元，即人工造林固碳单位成本是天然草原固碳单位成本的 2.25 倍。例如，在 2003 年中国开始实施的退牧还草工程中，据计算项目工程每固存 1 吨二氧化碳的成本为 110 元；在青藏高原地区草原固碳计入市场成本时，每固定 1 吨二氧化碳的成本为 80~200 元；在 20 年期的 CCER 林业碳汇项目中毛竹造林碳汇项目、毛竹经营碳汇项目、杉木造林碳汇项目、杉木经营碳汇项目贴现后的总成本最低为 58568.38 元/公顷，最高为 100827 元/公顷。其次，在生长周期方面，草地的生长期在 8 个月左右，连续存活时长一般在 7 年及以上，一些具有自播能力的草种生长期可以无限期；而森林需要经历 6 个生长发育时期，在气候寒冷降雨较少的北方地区森林到达成熟最长甚至需要一二百年，在自然环境温暖湿润适宜生长的南方地区森林到达成熟最少也需要 10~20 年。因此，草原在碳汇的成本收益上相比森林碳汇存在的时间错配性要更小。根据货币的时间价值理论，对于相同的收益货币数量，草原碳汇所获得的收益价值更大。

3. 对森林碳汇的促进性作用

草原碳汇的发展对森林碳汇的发展具有促进作用，主要是由于草原植物可以起到保护森林的特殊作用。一般情况下，适宜森林生长的地域同样适宜草原植被生长，并且在同一地域中森林植被和草原植被的生长并不存在互斥关系，即两者关系为和谐共生、而非相互排斥。草原碳汇对森林碳汇的促进作用主要表现在以下五个方面：第一，草原植被一般生长在森林地表，可以使森林在土壤中的根基固定得更加牢固，提供森林生长所必需的水分，进而帮助森林涵养水源。第二，草原植被在地表能够为森林土壤层提供更好的保护，减少水土流失、风沙侵蚀等自然损害，使森林植被发挥更好的固碳作用。第三，草原植被的生长周期短，其死亡腐烂的时间远早于森林植被，所以草原植被的枯落物、腐败物可以为森林生长提供更多的养分。第四，森林中草食动物的数量很多，草原碳汇的发展可以为森林中草食动物提供更多食物来源，以保护森林生物多样性，并且草食动物的粪便也是森林植被生长最好的养分。第五，在草原植被对森林土壤的紧密保护下，森林土壤层的水热环境、微生物环境等相对稳定，有利于生态系统中的养分交换、能量交换、森林土壤有机物沉积与碳固定。

4. 草原碳汇具有更好的全民性和社会参与性

虽然森林碳汇项目的设计兼顾了生态效益与经济效益，但森林的效用仍然主要以生态效益为主，例如在我国对于森林采取严格保护、禁止采伐的措施，森林碳库的维护需要建立在国家大力投入和补贴的基础上。与森林碳汇相比，草原碳汇更具有全民性与社会参与性，原因主要有以下三点：第一，在政策方面，对于草原采取保护建设与合理利用相结合，兼顾生态效益、经济效益、社会效益的指导方针。第二，相比于森林，草原建设直接关系到农牧民的利益，更能调动其参与碳汇项目的积极性，因为草原植被是草原畜牧业发展所必需的重要基础，是农牧民赖以生存发展的基本生产资料，农牧民出于维护与增加自身经济利益将会更积极地参与到草原碳汇项目建设中。第三，森林碳汇项目建设需要在国家投入补贴的基础上才能调动参与者维护碳库的积极性，而对于草原碳汇项目，农牧民在发展畜牧业、增加自身收入的同时会自动扮演草原碳库维护者的角色，即草原碳汇项目建设与农牧民生存发展之间具有互利共生、相互促进的良性关系。

（三）碳汇价值属性

1. 生态属性

（1）增加固碳能力，控制 CO_2 排放总量。当前，大规模排放的 CO_2 等温室气体已经对人类赖以生存的环境造成了严重危害，应对气候变化已成为全球面临的紧迫挑战。碳汇项目作为一种重要的间接减排方式，扮演着越来越重要的角色，对于减少温室气体排放、应对气候变化具有重要意义。在碳汇的生产过程中，通过扩大林草建设面积、增加森林和草原植被数量，使得整体固碳能力不断提高，固碳总量不断增加，所增加的固碳量可以用于抵消不同行业发展带来的碳排放。例如，以往有研究表明，中国森林植被在某一时期内净吸收的二氧化碳量已经能够抵消工业部门一定比例的碳排放；同样，修复建设草原也被证明具有巨大的固碳潜力，能够显著增加固碳量，从而为减缓气候变化提供有力支持。因此，发展林草碳汇项目有助于减少和抵消 CO_2 排放量，促进我国实现 2030 年"碳达峰"和 2060 年"碳中和"的目标，为全球气候变化问题贡献中国力量。

（2）加强林草建设，筑造生态屏障。作为一种生态产品工具，碳汇提供了一种可持续发展途径，在保护生态环境的同时满足碳排放量需求较大的工业、计算机等部门的发展需求。这些部门可以通过购买碳排放指标来满足减排任务，从而促进碳汇交易的进行。同理，发达国家也可以通过向发展中国家购买碳排放指标来完成自身的减排任务。在碳汇交易过程中，农牧民作为碳汇经营者，可以通过出售碳排放指标获得收益，而这些碳排放指标则是其通过进行林草建设等活动生产碳汇获得的。这种模式不仅可以增加农牧民的非农业收入，还可以调动他们参与林草建设的积极性。通过自愿退耕还林还草、扩大林草面积、提高林草质量等方式，农牧民不仅成为了碳汇经营者，也成为了生态环境的修复者和生态屏障的建设者。此外，我国制定了专门的林业发展战略目标，包括人工造林保存面积的持续增长以及森林覆盖率的提高。这些战略目标的实施将进一步推动农牧民等碳汇经营者参与林草建设，进而加强生态建设、维护生态安全。

2. 经济属性

（1）推动碳汇相关产业的发展。碳汇潜力的开发、碳汇价值的合理核算、碳汇交易机制的完善可以促进碳汇经济产业链的形成，而碳汇经济产业链中包括多种业态，如林草建设、林草管理等碳汇基础能力建设，核算监测、规划培训等碳汇项目咨询服务，期货交易、产权交易、碳基金、碳资产管理等碳金融相关服务业。碳汇的开发与交易可以为相关上下游产业的发展提供更大的空间，对于上游碳汇生产管理产业，通过扩大林草建设规模，退耕还林改种经济林，能够在获得碳汇收益的基础上增加经济林果实收入，同时建立专门的碳汇建设规划部门和生产碳汇、管理碳汇的培训部门，以及负责碳汇计量的核算部门等；对于下游的金融服务产业，可以增加与碳资产相关的各种交易、管理、委托服务，以增加金融服务业业务项目，推动绿色金融的发展。碳汇这种推动相关产业发展的经济属性，还可以起到在后新冠疫情时期增加就业岗位、缓解经济严峻形势的作用，推动国家经济产业的恢复。

（2）促进更多生态产品潜能开发。碳汇作为一种具备开发潜力、经济潜力、生态潜力等多种潜力的生态产品，其价值核算体系、市场化交易机制的建立可以使碳汇生态产品的各项潜能得到更深入的开发和利用，各项潜能的价值得到更科学的核算。各个部门、碳汇经营者等相关主体以碳汇交易获取的各项利益，通过市场化机制的作用，可以推动更多不同种类生态产品的开发，并且为未来各种生态产品潜能的开发利用、价值核算、交易机制建立提供科学合理的理论基础和实践依据。同时，更多生态产品潜能的开发、交易会推动生态经济产业的发展，使生态产品为国内 GDP 发展作出更大的贡献，为未来生态与经济更加高效的协同发展做好表率，推动实现我国经济的绿色、健康、平稳、多元化发展。

3. 社会属性

（1）兼顾多元相关利益主体。碳汇在开发、生产、交易过程中兼顾了多方相关主体的不同利益需求。对于国家，碳汇的开展使得生态安全得到保障，生态环境得到建设，兼顾了经济与生态的可持续发展。对于相关行业，例如旅游行业，生产碳汇采取的措施可以为旅游业提供气候和环境保障，在疫情全面放开的中国实现旅游业的收入增长；例如计算机行业、航空航天行业等，对二氧化碳排放量具有大量需求，通过碳汇交易购买碳排放指标可以促进行业企业的不断提高发展，可以在二氧化碳总排放量不增加的前提下为我国高新技术产业提供更好的技术支撑。对于碳汇经营者，通过种草造林等方式生产的碳汇，可以获得政府生态或通过补偿出售增加收入，同时其生产的碳汇可以作为一种资产，在有资金需求时进行质押融资，即起到增加融资渠道，完善生态补偿机制的作用。

（2）促进社会稳定，推动生态、经济、社会可持续发展。近几十年我国现代经济的高速发展，带来了诸多生态环境上的问题，工业产业、高新技术产业的快速发展导致大量二氧化碳和其他物质释放，造成气候变暖等生态问题；农业、畜牧业发展过程中的不合理之处，如对于林草资源的重利用、轻建设、轻管理，过牧超载及相关政策缺失等问题，使得原本的生态屏障遭到破坏。生态环境的破坏和气候变化不仅会给人类带来生态安全问题，还会带来影响能源安全、淡水安全、粮食安全等众多危害社会稳定、引发社会动荡的非传统安全问题。碳汇以市场化交易的方式，让碳标的需求者通过购买获取碳排放指标，让碳汇经营者通过生产出售碳指标获得收益，为生态环境的保护提供物质基础，推动人们自愿种草造林、退耕还林还草、保护林草资源，在不同产业发展推动经济的同时能够抵消和控制二氧化碳总量的排放，以"现代经济方式"改善现代经济发展模式存在的弊端，改善由于生态屏障破坏造成的众多影响社会稳定的不安全问题，推动实现经济、社会、生态的全面、协调、可持续发展（见图5-2）。

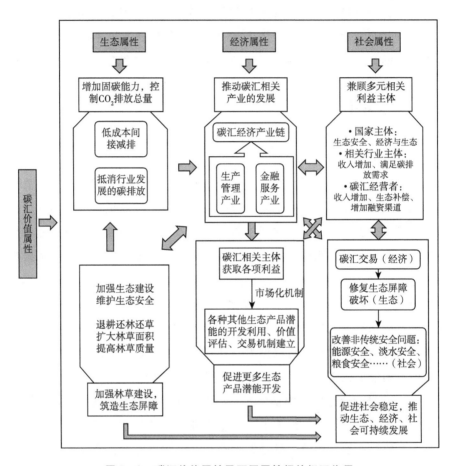

图5-2　碳汇价值属性及不同属性间的相互作用

二、森林碳汇价值量核算模型

（一）森林碳汇量核算

1. 森林固碳量的计量方法

目前，固碳量的计量方法多种多样，但是各种方法均存在一定的局限性。例如，样地清查法和材积源生物量法在测量精度方面存在不足，且仅关注地上部分生物量而忽视地下和土壤部分的固碳量。微气象学方法和遥感判读法虽然能够实现高精确度的测量，但在经济性方面投入较大，且部分方法操作复杂、数据处理烦琐，降低了测量方法的可操作性。因此，在考虑计量方法的可操作性、数据可得性以及反映不同计量时间固碳特征等方面，本研究借鉴了生态环境部环境规划院与中国科学院生态环境研究中心合作编写的《陆地生态系统生产总值（GEP）核算技术指南》。本研究采用了改进的固碳速率法对森林生态系统的固碳量进行计量，即在参考森林蓄积量拓展法的基础上对固碳速率法进行了一定程度的改进，以更准确地核算森林的固碳量。

传统的固碳速率法计量原理为根据不同时间点的森林植被固碳速率和森林面积数据，在利用森林土壤固碳系数对森林土壤固碳量加以考虑的基础上，对森林固碳量进行计量，具体计量公式如下：

$$FCS = FCSR \times SF \times (1 + \beta) \qquad (公式 5 - 1)$$

其中，FCS 为森林生态系统固碳量，$FCSR$ 为森林植被固碳速率（$tC \cdot ha^{-1} \cdot a^{-1}$），$SF$ 为森林面积（ha），β 为森林土壤固碳系数。但是，此方法只考虑了森林植被和森林土壤的固碳能力，并未考虑森林林下植物的固碳能力，会造成森林生态系统固碳量的低估。因此，参考森林蓄积量拓展法，改进的固碳速率法计量原理为根据森林植被固碳速率与森林面积先计算得到森林植被的固碳量，再利用林下植物碳转换系数计量得出林下植物的固碳量，森林土壤固碳量则利用森林土壤固碳速率与森林面积获得，最后将森林植被、林下植物、森林土壤三者固碳量相加，从而得到森林生态系统固碳量，具体计量公式如下：

$$FCS = FCSR \times SF \times (1 + \alpha) + FCSS \times SF \qquad (公式 5 - 2)$$

其中，FCS 为森林生态系统固碳量，$FCSR$ 为森林植被固碳速率（$tC \cdot ha^{-1} \cdot a^{-1}$），$SF$ 为森林面积（ha），α 为林下植物碳转换系数，根据 IPCC 默认值 α 为 0.195，$FCSS$ 为森林土壤固碳速率。

2. 森林碳汇量的计量

森林生态系统固碳量计算的是森林固定的碳元素总量，并非森林生态系统实际固定的 CO_2 数量，因此，森林碳汇量的计量还需要在森林固碳量的基础上通过碳元素转化为 CO_2 的系数进行转换计算，森林碳汇量具体计量公式如下：

$$FC = FCS \times \frac{M_{CO_2}}{M_C}$$ （公式 5 - 3）

其中，FC 为森林生态系统碳汇量，FCS 为森林生态系统固碳量，M_{CO_2}/M_C 为 C 转化为 CO_2 的转换系数 44/12。

（二）森林碳汇价格确定方法

在已有的核算森林碳汇价值量的文献研究中，关于碳汇价格核算多使用市场价格法、造林成本法、碳税法进行计量，近些年也逐渐出现以边际分析法中的最优价格模型法、金融领域中的二叉树期权定价模型与 B – S 期权定价模型作为碳汇定价依据的价格确定方法。考虑到碳汇价格应在现实生活中具有实际性或可实现性，即用于核算森林碳汇价值量的价格不应只是定价模型中的理论价格，以及不同价格计量方法所需数据的可得性，同时不同价格计量方法在数值上偏差较大但均具有一定的理论和现实依据及意义，因此本研究对于森林碳汇价格的计量采用最优价格法、碳税法、固定 CO_2 的造林成本法这三种价格方法在不同研究年份的平均值。

1. 最优价格法

最优价格法是边际分析方法中的一种最优分析法，用于确定碳汇资源的最优价格。边际分析法实际上是一种最优化定价方法，旨在实现资源最优效率和最佳配置。该方法与碳汇价值核算原理密切相关，通过比较森林碳汇生产的额外支出和收入，找到使两者相等的临界点。当资源的边际收入等于边际支出时，即边际收益等于边际成本时，达到碳汇生产的最大利润。利用最优价格法计算出的森林碳汇价格不是单一数值，而是一个价格范围，通过目标函数、约束条件、哈密顿函数等，根据最大化利润条件和森林资源增长方程来确定森林碳汇的影子价格，进而得出最优森林碳汇价格。根据张颖等人的研究，森林碳汇的最优价格区间为 10.11 ~ 15.17 美元/吨，通常取上限 15.17 美元/吨作为森林碳汇的价格。根据不同计量年份的森林碳汇价值量，可参考中国外汇交易中心和相关统计年鉴中公布的美元兑人民币年平均汇率，得到内蒙古森林碳汇在不同年份利用最优价格法计算的碳汇价格。

2. 碳税法

世界上提出碳税率的国家有瑞典、挪威、美国、法国等，目前世界上共有 27 个国家和 7 个地区采用碳税，碳税制度实施比较好的一般是位于欧洲的芬兰、丹麦等国家，我国目前还尚未将碳税作为独立税种进行征收。因此，在碳汇价格核算中利用碳税法时，本研究采用运用比较普遍的瑞典碳税率。

根据刘梅娟等的研究，内蒙古森林碳汇的计价方法之一是参考 2008 年 4 月国家林业局发布的《森林生态系统服务功能评估规范》，采用瑞典碳税率为每吨碳 150 美元。随着时间的推移，森林碳汇的价值量可能会有所变化，因此在不同研究年份，可以参考中国外汇交易中心和相关统计年鉴中公布的美元兑人民币年平均汇率，计算出内蒙古森林碳汇在不同年份采用碳税方法计价的碳汇价格。

3. 固定 CO_2 的造林成本法

根据谢高地等的研究，固定 CO_2 的造林成本是衡量森林碳汇价值量的重要指标之一，其包括碳固定价值和碳蓄积价值两部分。碳固定价值量表示将单位 CO_2 永久固定后为人类带来的益处或将非温室气体排放为 CO_2 后对人类造成的损失，而碳蓄积价值量则表示单位时间内单位非温室气体 CO_2 的储存对人类的益处。本研究参考了李文华等对固定 CO_2 造林成本的研究数据，其中碳固定价值为 365 元/吨 CO_2，碳蓄积价值为 20.5 元/吨 CO_2，因此固定 CO_2 的造林成本为 385.5 元/吨 CO_2。鉴于固定 CO_2 的造林技术和方式在短期内不太可能发生重大变革，因此在森林碳汇价值量计量期间假定该造林成本保持不变。

表 5-1　　　　　　　不同年份的森林碳汇价格　　　　　　（单位：元）

年份	年平均汇率	森林碳汇价格（最优价格上限）	森林碳汇价格（碳税法）	平均价格
2009	6.831	103.626	1024.65	504.592
2010	6.770	102.701	1015.50	501.234
2011	6.459	97.980	968.82	484.100

续表

年份	年平均汇率	森林碳汇价格 （最优价格上限）	森林碳汇价格 （碳税法）	平均价格
2012	6.310	95.723	946.50	475.908
2013	6.200	94.054	930.00	469.851
2014	6.140	93.143	921.00	466.548
2015	6.230	94.509	934.50	471.503
2016	6.640	100.729	996.00	494.076
2017	6.760	102.549	1014.00	500.683
2018	6.620	100.425	993.00	492.975

（三）森林碳汇价值量评估与核算

森林碳汇价值量的计量，通过前面计量的森林碳汇量和森林碳汇价格两部分相乘得到，即

森林碳汇价值量＝森林碳汇量×森林碳汇价格

森林碳汇价值量的整体核算过程分为三部分：第一，通过改进的固碳速率法，即利用森林植被固碳速率、森林土壤固碳速率、森林面积，以及林下植物碳转换系数计量得到森林固碳量，再利用 C 转化为 CO_2 的转换系数将森林固碳量转换为森林碳汇量。第二，通过基于不同研究年份汇率的最优价格法、碳税法以及固定 CO_2 的造林成本法，以三种碳汇价格核算方法得到的平均价格即为用于本研究核算的森林碳汇价格。第三，根据得到的森林碳汇量和森林碳汇价格，将两者相乘即可得到森林碳汇价值量。

三、草原碳汇价值量核算模型

除森林可以吸收二氧化碳等温室气体外，大量的草原亦可以在一定程度上调节二氧化碳的浓度，减缓温室效应，且草原的碳储存能力在陆地生态系统中仅次于森林生态系统。草原的碳库分为植物碳库和土壤碳库，其中，植物碳库又可以区分为地上碳库和根系碳库、土壤碳库可以区分为土壤有机碳库和土壤无机碳库。草地因其丰富的植被类型以及复杂庞大的地下根系、草地植物高度低等特点，能够获得更有利于生长的条件，例如得

到的光照更多等，使得草地植物进行光合作用的速率远超森林树木。同时，草地植物吸收的二氧化碳可以进一步转化为有机碳等形式固定在土壤中，但其土壤固碳部分难以核算，因此草原碳汇价值量的核算方法与森林碳汇价值量核算方法稍有区别。目前，众多学者开始对草原碳汇价值量核算展开研究，考虑到草原碳汇的特异性，依据其评估对象可以将草原碳汇价值核算分为直接核算和间接核算。

（一）草原碳汇价值直接核算方法

1. 造价成本法

农业碳汇成本法的核心为通过在评估时点重新获取相同或相似农业碳汇功能所需的各项成本总和，减去之前时点的贬值额，以此来确定被评估农业碳汇的价值。借鉴农业碳汇成本法的思路，根据草原吸收大气中二氧化碳的数量与相应造价成本之间的关系实现草原碳汇价值的核算。该方法的核算方式为：

$$碳汇评估价值 = 基准日的重置价值（相关成本）$$
$$- 有形损耗 - 无形损耗$$

2. 边际成本法

边际机会成本是指在其他条件保持不变的情况下，将一定资源用于特定用途时所放弃的用于其他用途时所能获得的最大收益。这一概念被广泛应用于分析可消耗能源的成本，已经成为从经济学角度评估资源利用效率的有力工具。由于自然资源的稀缺性，任何经济主体在利用某种资源时都必然会放弃通过其他用途可能获得的利益。因此，自然资源的边际机会成本不仅包括生产者获取自然资源所需的直接成本，还涵盖了从事生产活动所应获得的利润。综上所述，边际机会成本的计算公式为：

$$边际机会成本 = 直接消耗成本 + 使用成本 + 外部成本$$

其中，直接消耗成本指为获取某一资源而必须投入的直接费用，包括但不限于原材料、动力、工资、设备等方面的支出；使用成本指为利用该资源而放弃的其他经济利益；外部成本则包括预计将来可能造成的各种损失以及各种外部环境成本的总和，重点考虑其对环境功能的价值影响。

3. 李金昌自然资源定价公式

李金昌在考虑自然资源的紧缺性和资金的时间价值等因素后，提出了自然资源定价公式，可以借鉴该公式进行草原资源价值的核算。基本定价公式：

$$Pt = \frac{(1+i)^t}{i} \times \left[\alpha Ro + \frac{A}{N \times Q}(1+\rho) \right] \times \frac{Q_d \times E_d}{Q_s \times E_s}$$

（公式 5 - 4）

或

$$Pt = \frac{(1+i)^t}{i} \times \left[\alpha Ro + (c+v+m) \right] \times \frac{Q_d \times E_d}{Q_s \times E_s} \quad （公式 5 - 5）$$

其中，P_t 表示草原碳汇价值；i 为贴现率或平均利息率；Ro 为草地资源的租金；α 为草地资源丰度和开发利用条件的等级系数；A 为人力、物力、财力的投入总额；N 为社会投入的收益年限；Q 为受益草地总面积；ρ 为平均利润率；Q_d 为草地资源需求量；Q_s 为草地资源供给量；E_d 为需求弹性系数；E_s 为供给弹性系数；$(c+v+m)$ 为该草地资源每年因社会投入所产生的价值。

（二）草原碳汇价值间接核算方法

1. 成本效益分析法

该方法是依据使用人工方法固碳的成本进行计算的，草地固定二氧化碳的经济价值则应以使用工艺手段固定等量二氧化碳的成本进行计算。采用成本效应（BRAC）方法计算固碳成本的公式：

$$BRAC = \frac{I-C}{C_i}$$

（公式 5 - 6）

其中，I 为总产出值；C 为投入总金额；C_i 为每单位的固碳量。有相关研究通过该方法，得出每储存一吨二氧化碳经济成本为 11.18 美元的结论。根据此固碳成本，结合草原固碳量计量结果，对草原碳汇价值进行核算。

2. 碳税率法

碳税率法是政府部门采用税法标准限制二氧化碳排放，并对植物固定二氧化碳的经济价值进行核算的方法。在此方面，欧洲共同体、挪威、瑞典等国家曾向联合国提议增设碳税以应对化石燃料排放，其具体税率分别为 227 美元/吨碳、15 美元/吨碳和 150 美元/吨碳。环境学家通常参考瑞典碳税率。此外，也有学者将成本效益分析法与碳税率法相结合，采用两者的均值或区间范围反映碳汇功能价值。

3. 影子价格法

20 世纪 30 年代，荷兰经济学家詹恩·丁伯跟提出影子价格（又称最优价格），是反映社会资源最优配置的一种价格。假设企业考虑碳排放问题时，可以通过提升工艺的手段减少二氧化碳的排放，同时提升工艺手段的成本又是可以计算的，则该成本就可以作为草原固定二氧化碳的价值，即草原碳汇价值。即，在计算碳汇经济价值时，通常会考虑替代项目的工程造价。其数学模型可以表达为：

$$V = G(X_1, X_2, \cdots, X_n) \qquad \text{（公式 5 - 7）}$$

$$G = C + C(1 + r) + C(1 + r)^2 + C(1 + r)^3 + \cdots + C(1 + r)^m$$
$$\text{（公式 5 - 8）}$$

其中，碳汇价值（V）被定义为替代项目工程造价（G）的一个函数，即 $V = f(G)$，G 表示替代项目的造价；C 为该项目平摊于每年的平均造价；r 为折现率；m 为项目工程的有效期。

4. 期权定价法

碳汇产品从交易到实际发挥作用之间存在时间滞后，即具有期权的特性，碳排放权在本质上可视为美式看涨期权，因此可使用期权定价模型对其进行估值。通过引入市场机制，运用期权理论能够较好地解决碳排放权初期分配的双重矛盾，即公平性与效率性的矛盾，以保障企业碳排放交易具备良好前提和基础。碳排放权的初始分配 B - S 模型为：

$$C_0 = S_0[N(d_1)] - Xe^{-rct}[N(d_2)] \qquad \text{（公式 5 - 9）}$$

或

$$C_0 = S_0[N(d_1)] - PV(X)[N(d_2)] \qquad \text{（公式 5 - 10）}$$

$$d_1 = \frac{\ln\left(\dfrac{S_0}{X}\right) + \left[r_c + \left(\dfrac{\sigma^2}{2}\right)\right]t}{\sigma\sqrt{t}} \qquad \text{（公式 5 - 11）}$$

或

$$d_1 = \frac{\ln\left(\dfrac{S_0}{PV(X)}\right)}{\sigma\sqrt{t}} + \frac{\sigma\sqrt{t}}{2} \qquad \text{（公式 5 - 12）}$$

$$d_2 = d_1 - \sigma\sqrt{t} \qquad \text{(公式 5 - 13)}$$

其中，C_0 为看涨期权的当前价值；S_0 为碳排放权配额的当前价值；$N(d)$ 为标准正态分布中离差小于 d 的概率；X 为期权的执行价格；r_C 为无风险利率；t 为期权到期的时间；$\ln(S_0/X)$ 为自然对数；σ^2 为标的资产风险。

在具体应用时，从碳排放权交易历史中获取收益率的标准差以计算波动率：

$$\sigma = \sqrt{\frac{1}{n}\sum_{i=1}^{n}(R_t - \bar{R})^2} \qquad \text{(公式 5 - 14)}$$

$$R_t = \ln\left(\frac{P_t}{P_{t-1}}\right) \qquad \text{(公式 5 - 15)}$$

其中，R_t 为碳排放权在 t 时期的收益率；P_t 为 t 时期的价格；P_{t-1} 是滞后一期的价格。

（三）草原固碳量的计算

1. 遥感模型法

通过遥感资料、地面气象观测数据以及实地采样资料，运用净初级生产力（NPP）遥感估算模型计算 NPP，采用土壤呼吸模型评估逐月平均土壤呼吸量（Rs），进而推算草地净生态系统生产力（NEP），实现草地碳汇规模的衡量。

净初级生产力（NPP）是指绿色植物通过光合作用的净固碳量，即单位时间单位面积上由光合作用产生的有机物质总量中扣除自养呼吸后的剩余部分，是反映植被活动和陆地生态系统碳循环过程的重要指标。NPP 估算模型公式为：

$$NPP(x,t) = APAR(x,t) \times \varepsilon(x,t) \qquad \text{(公式 5 - 16)}$$

其中，$APAR(x,t)$ 表示像元 x 在 t 月吸收的光合有效辐射（g C/m²）；$e(x,t)$ 表示像元 x 在 t 月的实际光能利用率（g C/MJ）。

净生态系统生产力（NEP）是指净初级生产力中再减去异养生物（土壤）呼吸作用所消耗的光合作用产物（Rh）之后的部分，表征了陆地与大气之间的净碳通量或碳储量变化速率，常被用作衡量区域碳汇的重要指标。假设其他自然和人为条件不受考虑的影响，NEP 计算公式为：

$$NEP = NPP - Rh \qquad \text{（公式 5 - 17）}$$

依据光合反应方程式，绿色植物每生产 1g 干物质可以固定 0.44g 碳，同时吸收 4.62g 的二氧化碳，由此可以计算：

$$BC = CD \times 0.27 \qquad \text{（公式 5 - 18）}$$

$$CD = NEP \times 1.62 \qquad \text{（公式 5 - 19）}$$

其中，BC 为碳累计量（$g \cdot y^{-1}$），CD 为二氧化碳固定能力（$g \cdot m^{-2} \cdot y^{-1}$）。

2. 碳密度法

碳密度法是根据土壤的类型、面积以及不同类型的土地碳密度进行测算的，其公式为：

$$土壤碳密度 = \sum（土壤面积 \times 土壤容重 \times 土壤厚度 \times 土壤含碳量）$$
$$\text{（公式 5 - 20）}$$

或

$$植物体有机碳储量 = \sum（草原面积 \times 标准样地生物量$$
$$\times 植物体含碳量） \qquad \text{（公式 5 - 21）}$$

方精云等人也进行过类似的碳密度计算方法研究，其得出的土壤有机碳储量计算公式为：

$$C_{si} = D_i \times B_i \times TC_i \times 10 \qquad \text{（公式 5 - 22）}$$

$$C_s = \sum_{i=0}^{k} C_{si}(k = 1, 2, 3, \cdots, 8) \qquad \text{（公式 5 - 23）}$$

其中，C_{si} 代表 i 土层的土壤有机碳储量（g/m^2）；D_i 代表 i 土层的土层厚度（cm）；B_i 代表 i 土层的土壤容重（g/cm^3）；TC_i 代表 i 土层的土壤有机碳含量（g/kg）；C_s 代表土壤有机碳含量（g/m^2）。

因此，植被碳储量计算公式为：

$$C_v = \frac{B \times C_f}{1000} \qquad \text{（公式 5 - 24）}$$

其中，C_v 代表植被碳储量（g/m^2）；B 代表植被生物量（g/m^2）；C_f 代表植被碳含量（g/kg）。

3. 生物量实测调查法

马文红等对内蒙古温带草原的不同类型草地生物量密度进行了测算，并采用国际通用的转换率（0.45），将生物量统一转换为碳（$gC \cdot m^{-2}$）的形式。根据研究结果，草甸草原、草甸、典型草原和荒漠草原的地上碳密度分别为 $0.89MgC \cdot hm^{-2}$、$0.68MgC \cdot hm^{-2}$、$0.56MgC \cdot hm^{-2}$ 和 $0.26MgC \cdot hm^{-2}$；地下碳密度分别为 $6.23MgC \cdot hm^{-2}$、$3.88MgC \cdot hm^{-2}$、$3.10MgC \cdot hm^{-2}$ 和 $1.35MgC \cdot hm^{-2}$。此外，其还针对内蒙古温带草地植被碳储量进行了估算，估算结果为草甸草原、典型草原、荒漠草原和草甸的地上碳储量平均值分别为 $6.83TgC$、$31.19TgC$、$9.72TgC$ 和 $10.73TgC$；地下碳储量平均值分别为 $42.58TgC$、$96.54TgC$、$13.17TgC$ 和 $41.59TgC$；总植被碳储量分别为 $48.46TgC$、$113.25TgC$、$15.37TgC$ 和 $48.93TgC$。

4. 单位面积草地固碳量法

李海萍等使用草地面积和单位面积草地固碳量以计算草地碳汇，其公式为：

$$\Delta C_{草} = A_{草} \times \alpha \qquad (公式5-25)$$

其中，$A_{草}$ 为草地面积（hm^2）；α 为单位面积草地固碳量（t/hm^2）。根据 IPCC 报告得知每公顷天然草地每年的固碳量约为 $1.3t$，结合云贵高原地区草地每年二氧化碳吸收量可达 $4.25t/hm^2$ 的实际情况，李海萍等换算出 α 的取值应为 $1.16t/hm^2$。

5. 固碳速率法

由于草地植被每年都会枯落，其固定的碳又返还回大气或进入土壤中，因此草地土壤固碳是草地生态系统固碳的主体部分。当草地植被固碳速率数据无法获取时，可考虑将草地的土壤固碳量作为草地生态系统固碳量。固碳速率法计算公式如下：

$$Q_{tCO_2} = \frac{M_{CO_2}}{M_C} \times (GVCSR + GSCSR) \times SG \qquad (公式5-26)$$

式中，Q_{tCO_2} 为草地生态系统固碳量（$t \cdot CO_2/a$）；$\frac{M_{CO_2}}{M_C}$ 为 C 转化为 CO_2 的系数，取 $44/12$；$GVCSR$ 为草地生态系统植被固碳速率（$tC \cdot hm^{-2} \cdot a^{-1}$）；$GSCSR$ 为草地生态系统土壤固碳速率（$tC \cdot hm^{-2} \cdot a^{-1}$）；$SG$ 为草

地生态系统面积（hm²）。

6. Century 模型

Century 模型是由美国的 Parton 等学者建立的，最初被设计用于模拟草地生态系统中植物生产力、土壤有机质的动态变化、营养循环以及土壤水分通量等过程。该模型通过考虑碳、氮、磷、硫等元素的循环过程，进而模拟和预测相关生态系统的各项性能；依靠其土壤水分和温度子模型、植物生产力子模型、SOM 子模型三个板块完成对某一生态系统的一个生长季的物质循环计算。具体应用到草地固碳量测度中，即通过对气温、降水、土壤质地、各元素的循环水平等变量进行设定，模拟出生态系统的元素变化，进而推断出草地的固碳量。

根据图 5-3 所示，Century 模型的土壤水分和温度子模型旨在实现生态系统中水分的平衡分配，并准确模拟出土壤的有效持水量和温度，这些水热条件对有机质的分解率具有重要影响。通过结合 SOM 子模型，Century 模型能够计算不同 SOM 库中氮、磷、硫的矿化和分配率。在植物的生长季节，其生长状态受土壤养分含量（如氮、磷、硫）和水热条件的综合影响；随着植物生长季结束，植物残体将根据不同的水热条件分配到不同的

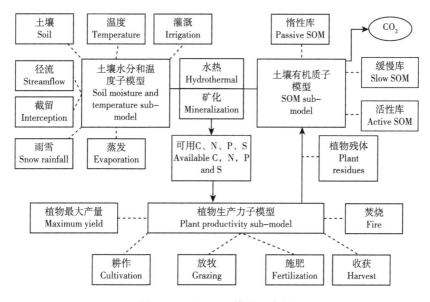

图 5-3 Century 模型示意图

SOM 库中，包括活性库、缓慢库和惰性库；随后，这些残体将再次参与有机质子模型的计算阶段，从而完成了一个生长季的物质循环计算，并启动下一个生长季的计算过程。此外，在这一过程中，Century 模型还考虑了灌溉、放牧、火烧、施肥、耕作、收获以及大气中 CO_2 浓度等因素的变化。

Century 模型是一个用于模拟生态系统过程的计算机模型，其时间步长可以是月或年，可在基于 Access 数据库的窗口模式和 DOS 提示符下运行。DOS 版本包括三个独立的可执行程序：file100、event100 和 list100。其中，file100 用于调用或修改 12 个输入文件的参数，这些文件包括站点信息、气象数据、植被参数、耕作操作、施肥信息、火烧事件、放牧活动、收获方式、灌溉情况以及有机质添加等。这些输入文件的参数主要涵盖了月最高和最低气温、月降水量、土壤质地、土壤含水量、土壤菱蓄系数、作物的最高和最适生长温度等。另外，event100 程序用于确定模拟事件的起止时间，并安排这些事件的发生顺序，生成相应的管理文件（. sch）。模型成功运行后将生成二进制文件（. bin），最后通过 list100 程序将这些二进制输出结果转化为可读的十六进制文件。

通过控制上述变量运行 Century 模型，以计算草原生态系统的 SOM 土壤有机碳库和植被碳库，进而计算出草原碳汇量。该模型需要的数据较为连续，适用于时间跨度较长的计算。

第三节　内蒙古森林与草原碳汇价值量核算

一、内蒙古林草碳汇价值量核算

（一）内蒙古森林碳汇价值量核算

对于内蒙古自治区森林碳汇价值量，研究区间选择第八次全国森林资源清查（2009—2013）周期和第九次全国森林资源清查（2014—2018）周期。研究区间的内蒙古各盟市森林面积、森林碳汇量和森林碳汇价值量核算结果如表 5 - 2 和表 5 - 3 所示。

表 5 - 2　　　　第八次全国森林资源清查周期各盟市

森林碳汇情况　　　（单位：公顷、吨、万元）

各盟市		2009 年	2010 年	2011 年	2012 年	2013 年
阿拉善	面积	21332.34	21334.77	21336.75	21339.18	21351.60
	碳汇量	66522.75	66530.33	66536.50	66544.08	66582.81
	碳汇价值量	3356.69	3334.72	3221.03	3166.88	3128.40
锡林郭勒	面积	78498.72	80053.83	80862.30	81193.59	81885.33
	碳汇量	244790.33	249639.78	252160.92	253194.01	255351.13
	碳汇价值量	12351.93	12512.79	12207.11	12049.69	11997.71
兴安盟	面积	1570643.28	1568841.93	1569835.35	1570954.41	1580340.78
	碳汇量	4897892.43	4892275.11	4895372.99	4898862.66	4928133.11
	碳汇价值量	247143.78	245217.28	236985.01	233140.58	231548.99
乌海	面积	3.33	3.33	3.33	3.42	3.96
	碳汇量	10.38	10.38	10.38	10.66	12.35
	碳汇价值量	0.52	0.52	0.50	0.51	0.58
巴彦淖尔	面积	16207.92	16539.12	16529.67	15399.54	12111.03
	碳汇量	50542.76	51575.58	51546.11	48021.91	37767.02
	碳汇价值量	2550.35	2585.14	2495.35	2285.40	1774.49
鄂尔多斯	面积	134.91	134.64	140.04	187.74	510.66
	碳汇量	420.70	419.86	436.70	585.45	1592.44
	碳汇价值量	21.23	21.04	21.14	27.86	74.82
包头	面积	16271.46	16337.43	16438.95	16497.09	16762.41
	碳汇量	50740.90	50946.63	51263.21	51444.51	52271.88
	碳汇价值量	2560.35	2553.62	2481.65	2448.28	2456.00
呼和浩特	面积	70909.83	70951.05	70956.36	71260.29	73476.27
	碳汇量	221125.14	221253.68	221270.24	222218.02	229128.33
	碳汇价值量	11157.80	11089.98	10711.69	10575.52	10765.62
乌兰察布	面积	55080.54	55139.40	55366.56	56921.58	60864.21
	碳汇量	171763.10	171946.65	172655.03	177504.20	189798.89
	碳汇价值量	8667.03	8618.54	8358.23	8447.56	8917.73
赤峰	面积	789994.26	800274.69	807333.66	816379.74	828332.55
	碳汇量	2463517.31	2495575.79	2517588.48	2545797.77	2583071.40
	碳汇价值量	124307.13	125086.65	121876.46	121156.44	121365.95

续表

各盟市		2009 年	2010 年	2011 年	2012 年	2013 年
通辽	面积	260333.37	261240.84	261974.34	262948.14	265141.71
	碳汇量	811823.32	814653.17	816940.52	819977.22	826817.64
	碳汇价值量	40963.96	40833.16	39548.09	39023.34	38848.14
呼伦贝尔	面积	14849873.37	14908397.49	14955954.93	14975680.32	14968101.33
	碳汇量	46307830.27	46490331.82	46638634.90	46700146.53	46676512.22
	碳汇价值量	2336656.49	2330251.79	2257776.31	2222495.31	2193102.15

表 5 - 3　　　　　第九次全国森林资源清查周期各盟市

森林碳汇情况　　（单位：公顷、吨、万元）

各盟市		2014 年	2015 年	2016 年	2017 年	2018 年
阿拉善	面积	21357.45	21385.53	21458.97	21480.48	21504.69
	碳汇量	149928.79	150125.91	150641.45	150792.45	150962.41
	碳汇价值量	6994.90	7078.48	7442.84	7549.92	7442.07
锡林郭勒	面积	82053.72	82354.23	82670.31	83736.99	85019.85
	碳汇量	576015.15	578124.72	580343.59	587831.66	596837.31
	碳汇价值量	26873.87	27258.76	28673.40	29431.74	29422.60
兴安盟	面积	1579232.79	1578433.86	1574749.44	1576620.99	1577980.08
	碳汇量	11086176.28	11080567.81	11054703.27	11067841.51	11077382.29
	碳汇价值量	517223.26	522452.13	546186.65	554148.08	546087.40
乌海	面积	3.96	3.96	3.96	3.87	3.87
	碳汇量	27.80	27.80	27.80	27.17	27.17
	碳汇价值量	1.30	1.31	1.37	1.36	1.34
巴彦淖尔	面积	12076.11	12229.02	14109.21	14909.49	16400.70
	碳汇量	84774.00	85847.43	99046.32	104664.26	115132.52
	碳汇价值量	3955.11	4047.73	4893.64	5240.36	5675.75
鄂尔多斯	面积	577.17	826.65	1039.05	1536.93	1952.82
	碳汇量	4051.72	5803.06	7294.11	10789.21	13708.75
	碳汇价值量	189.03	273.62	360.38	540.20	675.81
包头	面积	16926.57	16982.01	16998.21	17006.22	17024.04
	碳汇量	118824.12	119213.30	119327.03	119383.26	119508.35
	碳汇价值量	5543.71	5620.94	5895.67	5977.32	5891.46

续表

各盟市		2014 年	2015 年	2016 年	2017 年	2018 年
呼和浩特	面积	74172.69	75894.03	77226.84	79056.90	80422.92
	碳汇量	520690.50	532774.27	542130.56	554977.54	564566.97
	碳汇价值量	24292.71	25120.47	26785.38	27786.79	27831.75
乌兰察布	面积	62244.72	64535.67	67171.41	70821.99	73123.38
	碳汇量	436956.44	453038.85	471541.69	497168.67	513324.37
	碳汇价值量	20386.11	21360.92	23297.76	24892.39	25305.62
赤峰	面积	839238.66	855967.23	869007.51	880412.13	887656.23
	碳汇量	5891435.25	6008869.41	6100411.86	6180472.02	6231325.43
	碳汇价值量	274863.69	283320.02	301406.87	309445.77	307188.85
通辽	面积	265573.08	265554.27	266067.00	268224.75	269302.32
	碳汇量	1864316.65	1864184.60	1867783.95	1882931.31	1890495.82
	碳汇价值量	86979.31	87896.87	92282.77	94275.18	93196.74
呼伦贝尔	面积	14948101.71	14928188.94	14916392.91	14939924.49	14970077.82
	碳汇量	104935315.20	104795528.10	104712720.20	104877911.40	105089587.00
	碳汇价值量	4895735.45	4941140.94	5173606.99	5251059.43	5180655.32

　　根据各盟市森林碳汇核算结果，可以发现，对于内蒙古东部地区，赤峰市森林面积和森林碳汇量在研究区间处于增长趋势，森林碳汇价值量在研究区间存在波动但整体呈现上升趋势，从 124307.13 万元增长到307188.85 万元。通辽市的森林面积呈现稳步小幅增长状态，与之对应的森林碳汇量在两次全国森林资源清查周期中也分别处于稳步小幅上升状态，森林碳汇价值量在第八次全国森林资源清查周期中处于小幅下降状态，在第九次全国森林资源清查周期中又呈现明显回升增长，在整个研究区间森林碳汇价值量从 40963.96 万元增长到 93196.74 万元。呼伦贝尔市的森林面积在 2012 年以前稳定增长，从 2013 年开始先出现小幅下降后于2017 年开始回升，森林碳汇量除在两次森林清查周期分界年份 2014 年受森林固碳速率增长影响致森林碳汇量上升以外，其余年份森林碳汇量变化与森林面积变化相对应，森林碳汇价值量则受汇率、固碳速率影响，在第八次全国森林资源清查周期呈小幅下降趋势，在第九次全国森林资源清查周期逐步增长，在整个研究区间森林碳汇价值量从 2336656.49 万元增长到

5180655.32 万元。兴安盟森林面积基本处于平稳状态，没有明显的增加或减少，由于第九次全国森林资源清查周期森林植被固碳速率和森林土壤固碳速率的提高，使得分界年份 2014 年森林碳汇量出现明显增加，但在两次全国森林资源清查周期中森林碳汇量均处于相对平稳状态，研究期间森林碳汇价值量从 247143.78 万元增长到 546087.40 万元（见图 5 - 4）。

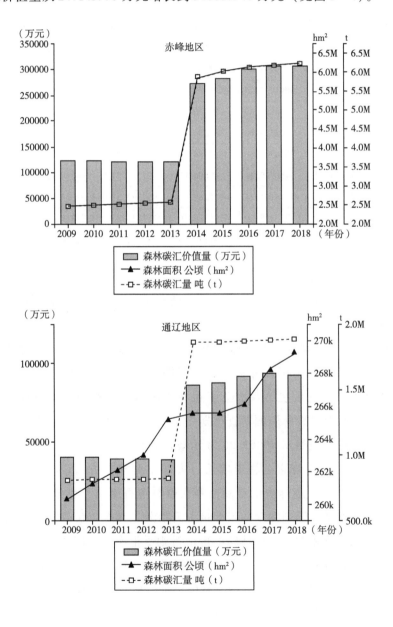

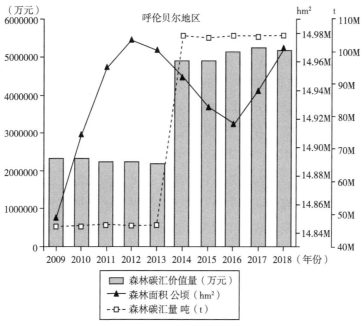

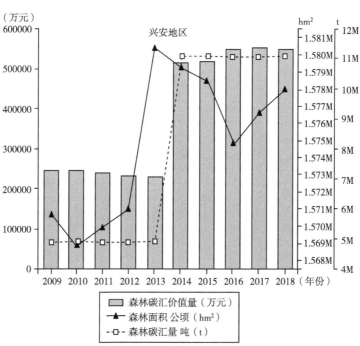

图 5－4 内蒙古东部地区森林碳汇价值量（万元）、
森林碳汇量（吨）、森林面积（公顷）

内蒙古中部地区，锡林郭勒盟在整个研究区间森林面积和森林碳汇量一直呈现稳定增长状态，森林碳汇价值量受汇率影响在中间年份出现波动，但整体仍为上升趋势，研究区间森林碳汇价值量从 12351.93 万元增长到 29422.60 万元。乌兰察布市的森林面积和森林碳汇量在研究区间一直处于增长趋势，森林碳汇价值量受汇率、森林面积等多重影响在第八次全国森林资源清查周期中存在波动，但在整个研究区间呈增长趋势，从8667.03 万元增长到 25305.62 万元。包头市的森林碳汇量与森林面积相对应，均在研究区间呈增长趋势，森林碳汇价值量则受汇率波动影响在第八次全国森林资源清查周期中出现波动，但在第九次全国森林资源清查周期中基本恢复上升趋势，在整个研究区间森林碳汇价值量从 2560.35 万元增长到 5891.46 万元。呼和浩特市的森林面积和森林碳汇量均呈现稳定增长趋势，其中森林碳汇量在第八次和第九次全国森林资源清查分界年份增长明显，森林碳汇价值量在中间年份出现波动但整体呈现增长趋势，在整个研究区间从 11157.80 万元增长到 27831.75 万元（见图 5-5）。

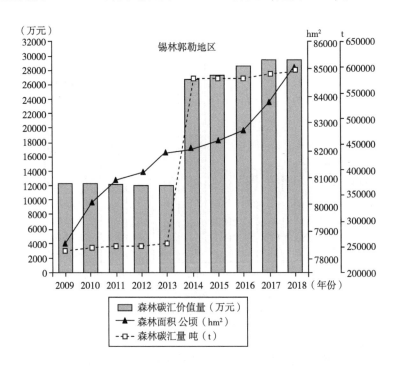

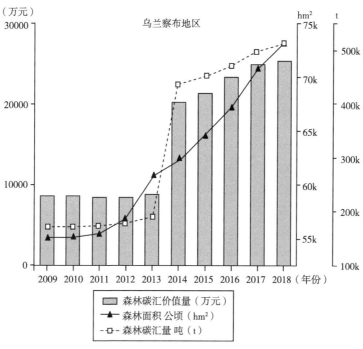

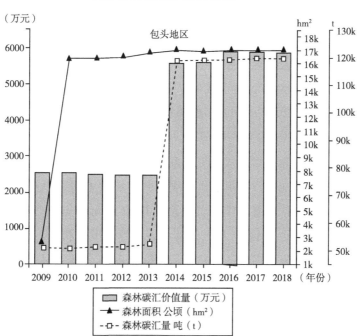

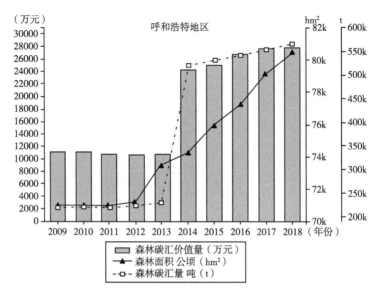

图 5-5 内蒙古中部地区森林碳汇价值量（万元）、森林碳汇量（吨）、森林面积（公顷）

内蒙古西部地区，阿拉善盟在研究期间森林面积和森林碳汇一直呈现稳步小幅上升趋势，森林碳汇价值量受汇率变动影响，在第八次全国森林资源清查周期森林碳汇价值量呈小幅下降趋势，在第九次全国森林资源清查周期基本呈上升趋势，整个区间从 3356.69 万元增长到 7442.07 万元。乌海市森林面积在 2009—2011 年保持稳定，自 2012 年开始出现增长，但在 2017 年、2018 年又出现小幅回落，森林碳汇量变化情况与森林面积变化情况相对应，森林碳汇价值量受汇率变化影响在第八次全国森林资源清查周期中先下降后上升，在第九次全国森林资源清查周期中基本呈现上升态势，在整个研究区间森林碳汇价值量从 0.52 万元增长到 1.34 万元。巴彦淖尔市森林面积在 2014 年及之前基本一直处于下降状态，从 2015 年开始出现幅度较为明显的回升，森林碳汇量除在 2014 年受森林固碳速率增长影响致森林碳汇量上升以外，其余年份森林碳汇量变化与森林面积变化相对应，森林碳汇价值量则在汇率、森林面积、固碳速率的多重影响下，在第八次全国森林资源清查周期呈现明显下降，而在第九次全国森林资源清查周期又呈现大幅增长，在整个研究区间森林碳汇价值量从 2550.35 万元增长到 5675.75 万元。鄂尔多斯市的森林面积和森林碳汇量处于上升趋势，其中自 2013 年开始增长幅度较大，但森林碳汇价值量在汇率波动较大的情况下仍呈现显著上升状态，在整个研究区间从 21.23 万元增长到 675.81 万元（见图 5 – 6）。

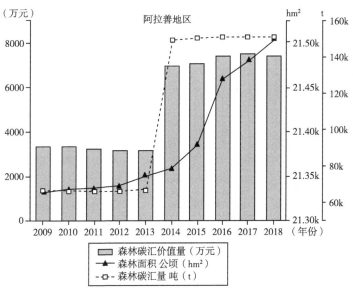

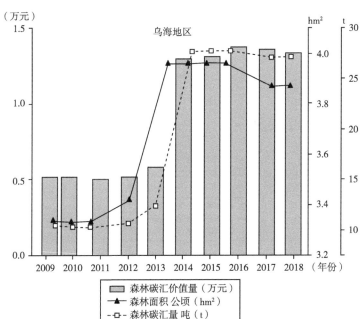

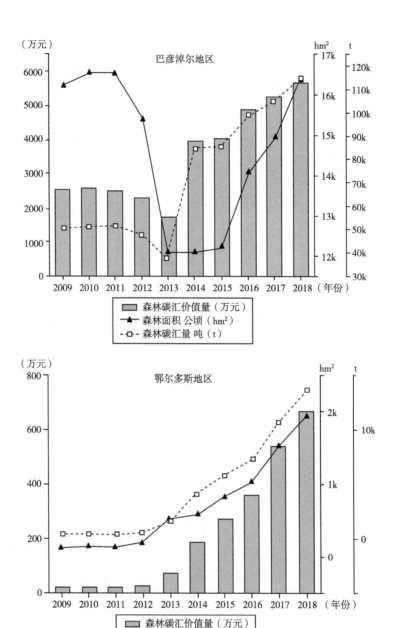

图 5 - 6　内蒙古西部地区森林碳汇价值量（万元）、
森林碳汇量（吨）、森林面积（公顷）

　　根据第八次全国森林资源清查和第九次全国森林资源清查周期的内蒙古森林碳汇各类核算情况（表5－4、图5－7、图5－8、图5－9）可以看出：在2009—2018年，对于内蒙古森林面积，虽然在中间年份出现过小幅波动，但整体呈稳定上升趋势，在整个研究区间森林面积从17759142.72公顷增加到18031672.26公顷。对于内蒙古森林碳汇量，由于第九次全国森林资源清查周期的森林植被固碳速率和森林土壤固碳速率要大于第八次全国森林资源清查周期，因此内蒙古森林碳汇量在这10年期间一直呈现出增长态势，并且在2013—2014年出现大幅度增长，在整个研究区间森林碳汇量从55380092.90吨增长到126581906.50吨。对于内蒙古森林碳汇价值量，受汇率波动影响，不同年份单位碳汇价格存在波动，导致在整个研究区间中森林碳汇价值量出现过在森林面积和森林碳汇量稳定增长的情况下发生下降的情况，但是不可否认内蒙古森林碳汇价值量整体仍呈上升趋势，2009—2018年森林碳汇价值量从2794435.68万元增长到6240173.22万元（见表5－4、图5－7、图5－8、图5－9）。

表5－4　　　　2009—2018年内蒙古森林碳汇情况　　　（单位：公顷、吨、万元）

年份	森林面积（公顷）	森林碳汇量（吨）	森林碳汇价值量（万元）
2009	17759142.72	55380092.90	2794435.68
2010	17829343.26	55599006.19	2786809.19
2011	17886979.26	55778738.24	2700248.71
2012	17919201.96	55879221.47	2659334.43
2013	17939483.91	55942468.69	2628464.35
2014	17932238.37	125883883.00	5873086.54
2015	17933111.46	125890012.10	5935752.26
2016	17937747.54	125922557.20	6221534.70
2017	17984841.21	126253153.70	6321281.62
2018	18031672.26	126581906.50	6240173.22

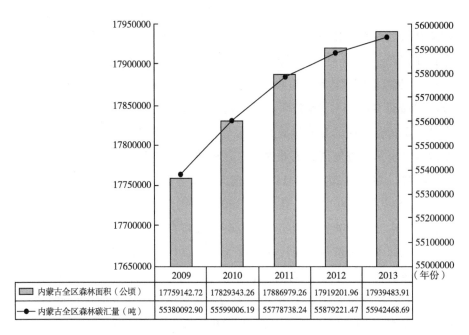

图 5 - 7   内蒙古 2009—2013 年森林面积（公顷）与森林碳汇量（吨）

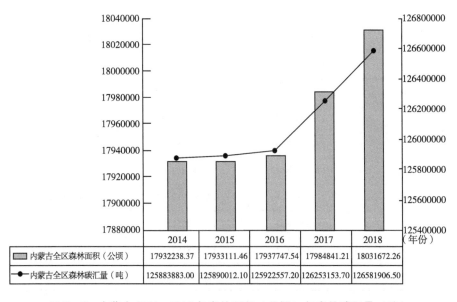

图 5 - 8   内蒙古 2014—2018 年森林面积（公顷）与森林碳汇量（吨）

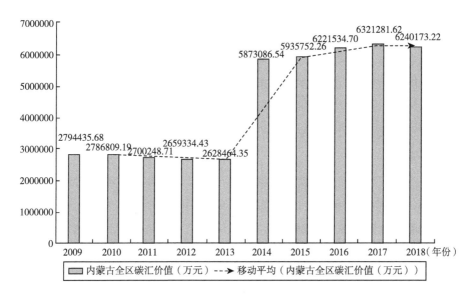

图 5 - 9　内蒙古 2009—2018 年森林碳汇价值量（万元）

　　根据核算统计出的内蒙古全区及各盟市在整个研究区间的森林面积、森林碳汇量、森林碳汇价值量结果，可以得出结论：第一，森林碳汇量与森林面积成正比，即森林面积越大森林碳汇量越大，反之则越小。第二，森林碳汇量与森林植被固碳速率和森林土壤固碳速率成正比，且森林植被固碳速率和森林土壤固碳速率的变化对森林碳汇量影响很大。第三，森林碳汇价值量与森林面积、森林植被和土壤固碳速率呈正相关，森林面积和固碳速率通过影响森林碳汇量的大小进而影响森林碳汇价值量，即森林面积和森林植被、土壤固碳速率的增加使得森林碳汇量增加，从而使得森林碳汇价值量增加。第四，森林碳汇价值量不仅与森林面积、森林固碳速率有关，还受汇率变化的影响，汇率变化通过影响碳汇单位价格实现对森林碳汇价值量的影响，即汇率的降低或人民币的贬值可能导致森林碳汇价值量在森林面积、森林固碳速率增加的情况下发生降低的情形。

（二）内蒙古草原碳汇价值量核算

　　通过前文总结与梳理草原碳汇价值量核算相关方法得知，固碳速率法主要基于植物生长速率和土壤碳储量的测量，不需要复杂的仪器和设备，在大规模草原碳汇调查中更容易实施；同时，该方法能够较快地反映草原碳汇的变化情况，草地生态系统对环境变化响应较快，通过监测生长速率可以实时了解碳汇情况，有助于及时采取适当的保护措施。此外，相较于其他测量方法，固碳速率法还具有成本较低、能够大范围进行草原调查和长期监测的优势。因此，本研究选择使用固碳速率法对内蒙古草原碳汇价值进行核算。

对于内蒙古自治区草原碳汇价值量，研究区间选择 2000—2021 年，具体核算结果如表 5 - 5 所示。对于草原面积和草原碳汇量，各盟市在整个研究区间中存在波动但整体呈现下降趋势，主要表现为在 2000—2005 年为上升态势，在 2005—2010 年出现较为明显的下降，在 2010—2021 年不断波动。内蒙古全区草原碳汇减少量为 16.84%，乌海市、呼伦贝尔市、巴彦淖尔市、兴安盟和阿拉善盟的下降幅度超过了内蒙古地区平均减少量，草原面积及碳汇量减少较为明显。其中，乌海市、兴安盟和阿拉善盟的草原碳汇减少量超过了 25%，鄂尔多斯的下降幅度最小，减少量为 9.51%。对于草原碳汇价值量，在 2000—2021 年，内蒙古全区的草原碳汇价值量从 387.98 亿元下降至 322.65 亿元；呼和浩特市草原碳汇价值量从 6.45 亿元降至 5.39 亿元；包头市碳汇价值量由 15.78 亿元降至 13.56 亿元；乌海市碳汇价值量由 0.58 亿元降至 0.43 亿元；赤峰市碳汇价值量由 36.09 亿元降至 30.78 亿元；通辽市碳汇价值量由 18.45 亿元降至 16.09 亿元；鄂尔多斯市碳汇价值量由 42.60 亿元降至 38.55 亿元；呼伦贝尔市碳汇价值量由 56.52 亿元降至 43.66 亿元；巴彦淖尔市碳汇价值量由 22.93 亿元降至 17.33 亿元；乌兰察布市碳汇价值量由 28.15 亿元降至 25.19 亿元；兴安盟碳汇价值量由 14.90 亿元降至 11.12 亿元；锡林郭勒盟碳汇价值量由 135.49 亿元降至 113.05 亿元；阿拉善盟碳汇价值量由 10.04 亿元降至 7.50 亿元（见表 5 - 5）。

表 5 - 5　　　　　　内蒙古及各盟市草原碳汇价值量　　　　　（单位：亿元）

自治区及盟市	2000 年	2005 年	2010 年	2015 年	2021 年
全区	387.98	391.07	338.92	314.60	322.65
呼和浩特	6.45	6.49	5.79	5.36	5.39
包头	15.78	15.57	13.78	12.77	13.56
乌海	0.58	0.59	0.46	0.41	0.43

续表

自治区及盟市	2000 年	2005 年	2010 年	2015 年	2021 年
赤峰	36.09	37.03	31.33	29.20	30.78
通辽	18.45	19.52	16.90	14.25	16.09
鄂尔多斯	42.60	43.59	39.09	37.11	38.55
呼伦贝尔	56.52	54.89	46.42	42.98	43.66
巴彦淖尔	22.93	22.74	19.97	17.97	17.33
乌兰察布	28.15	29.13	25.59	24.16	25.19
兴安盟	14.90	15.77	13.43	11.35	11.12
锡林郭勒	135.49	135.02	117.07	110.11	113.05
阿拉善	10.04	10.72	9.08	8.95	7.50

二、内蒙古林草碳汇价值量时空演变格局

（一）内蒙古森林碳汇价值量时空演变格局

1. 时间演变格局

从内蒙古全区来看，内蒙古森林碳汇价值量在第八次全国森林资源清查周期中受汇率降低的影响，在森林面积和森林碳汇量增加的情况下呈现下降趋势，但在第九次全国森林资源清查周期中又由于汇率的回升和森林植被、土壤固碳速率的增加，使得森林碳汇量和森林碳汇价值量在森林面积出现小幅波动的情况下产生大幅增长且整体呈现上升趋势。从内蒙古各盟市角度出发，除兴安盟和巴彦淖尔市以外，其余 10 个盟市的森林面积、森林碳汇量和森林碳汇价值量整体呈现上升趋势，仅个别盟市在中间年份出现过波动情况。兴安盟森林面积基本保持稳定；森林碳汇量在两次全国森林资源清查周期的分界年份出现大幅增长，但在两个清查周期中均相对稳定；森林碳汇价值量同样在分界年份出现明显增长，但其余年份的森林碳汇价值量变动主要跟随汇率波动发生。巴彦淖尔市的森林面积在第八次全国森林资源清查周期中处于下降趋势，在第九次全国森林资源清查周期中逐渐回升；森林碳汇量和森林碳汇价值量变化趋势与森林面积变化基本保持一致，但是由于第九次全国森林资源清查周期中森林固碳速率的增

加，该周期的森林碳汇量和森林碳汇价值量明显高于第八次全国森林资源清查周期。

此外，各盟市森林面积、森林碳汇量和森林碳汇价值量还会受到行政区域面积的影响，因此，为了研究不同盟市单位面积森林碳汇量和森林碳汇价值量的情况，本研究还对第八次全国森林资源清查周期和第九次全国森林资源清查周期中各盟市的森林碳汇量密度和森林碳汇价值量密度进行了核算与统计，结果如表5-6至表5-10所示。

对于各盟市森林碳汇量密度，阿拉善盟、锡林郭勒盟、鄂尔多斯市、包头市、呼和浩特市、乌兰察布市和赤峰市均呈现稳定、持续增长趋势，未发生过森林碳汇量密度下降的情况；兴安盟森林碳汇量密度波动较为频繁但幅度较小，整体呈上升态势；乌海市在2009—2016年森林碳汇量密度稳定增长，在2017年和2018年出现小幅下降情况；巴彦淖尔市森林碳汇量密度在第八次全国森林资源清查周期中先增长后下降，在第九次全国森林资源清查周期中恢复稳定增长趋势；通辽市森林碳汇量密度除在2018年发生小幅下降以外，其余年份均呈现稳定、持续增长状态；呼伦贝尔市森林碳汇密度整体为增长趋势，但在研究区间多次发生波动（见表5-6）。

表5-6　　　　　　　　第八次全国森林资源清查周期各盟市
森林碳汇量密度　　　　　　　　　　（单位：吨/公顷）

各盟市	2009 年	2010 年	2011 年	2012 年	2013 年
阿拉善	0.0024620	0.0024619	0.0024621	0.0024628	0.0024642
锡林郭勒	0.0120824	0.0123894	0.0125146	0.0124972	0.0126037
兴安盟	0.8190456	0.8180241	0.8185421	0.8192078	0.8241025
乌海	0.0000592	0.0000592	0.0000592	0.0000608	0.0000704
巴彦淖尔	0.0077639	0.0079225	0.0079180	0.0073766	0.0058014
鄂尔多斯	0.0000485	0.0000484	0.0000503	0.0000674	0.0001835
包头	0.0182732	0.0183472	0.0184613	0.0185720	0.0188707
呼和浩特	0.1283820	0.1284566	0.1284662	0.1291965	0.1332141
乌兰察布	0.0315208	0.0315545	0.0316845	0.0322735	0.0345089
赤峰	0.2736603	0.2772215	0.2796668	0.2828664	0.2870079
通辽	0.1363607	0.1368360	0.1372202	0.1378113	0.1389609
呼伦贝尔	1.8277771	1.8349805	1.8408340	1.8458556	1.8449214

表 5 - 7　　　　　第九次全国森林资源清查周期各盟市

森林碳汇量密度　　　　　　　　（单位：吨/公顷）

各盟市	2014 年	2015 年	2016 年	2017 年	2018 年
阿拉善	0.0055488	0.0055561	0.0055752	0.0055808	0.0055871
锡林郭勒	0.0284312	0.0285353	0.0286448	0.0290144	0.0294589
兴安盟	1.8538756	1.8529378	1.8486126	1.8508096	1.8524051
乌海	0.0001585	0.0001666	0.0001666	0.0001549	0.0001549
巴彦淖尔	0.0130221	0.0131870	0.0152145	0.0160775	0.0176855
鄂尔多斯	0.0004670	0.0006689	0.0008408	0.0012437	0.0015779
包头	0.0427917	0.0429319	0.0429729	0.0429931	0.0430382
呼和浩特	0.3029736	0.3100048	0.3106231	0.3179840	0.3285040
乌兰察布	0.0801755	0.0831264	0.0865214	0.0912236	0.0941880
赤峰	0.6544512	0.6674964	0.6776654	0.6867039	0.6922080
通辽	0.2677654	0.3126305	0.3148180	0.3198891	0.3170430
呼伦贝尔	4.1513000	4.1457699	4.1424940	4.1490290	4.0176468

对于森林碳汇价值量密度，由于受到汇率影响，各盟市森林碳汇价值量密度在时间维度上的变化更为复杂，不完全与森林碳汇量和森林碳汇量密度的变化趋势重合。其中，阿拉善盟、兴安盟、通辽市、呼伦贝尔市的变化趋势均为在第八次全国森林资源清查周期中森林碳汇价值量密度持续下降，在第九次全国森林资源清查周期中，森林碳汇价值量密度除在汇率略有回跌的 2018 年出现下降以外，整体水平大幅增加且呈现增长态势。锡林郭勒盟森林碳汇价值量密度除在 2010 年发生增长以外，其余变化趋势与阿拉善盟等 4 个盟市基本相同；乌海市森林碳汇价值量密度先在 2009—2011 年发生下降，随后在 2012—2016 年持续回升，但 2017—2018 年再次发生下跌；巴彦淖尔市森林碳汇价值量密度在第八次全国森林资源清查周期中先增长后下降，在第九次全国森林资源清查周期中持续增长且幅度较大；鄂尔多斯市森林碳汇价值量密度仅在 2010 年发生下降，自 2011 年开始持续上升，且自 2013 年起增长幅度较为明显；包头市森林碳汇价值量密度除在 2013 年出现增长以外，其余变化趋势基本与阿拉善盟等 4 个盟市相同；呼和浩特市森林碳汇密度下降趋势截止到 2012 年，自 2013 年起呈现持续、稳定增长趋势；乌兰察布市森林碳汇密度下降趋势截止到 2011 年，

自 2012 年起呈现持续稳定增长趋势；赤峰市森林碳汇密度在第八次全国森林资源清查周期中波动较为频繁，但整体趋势与阿拉善盟等 4 个盟市基本相同（见表 5 - 8、表 5 - 9）。

表 5 - 8　　　　　第八次全国森林资源清查周期各盟市

森林碳汇价值量密度　　　　　　（单位：元/公顷）

各盟市	2009 年	2010 年	2011 年	2012 年	2013 年
阿拉善	1.242	1.234	1.192	1.172	1.158
锡林郭勒	6.097	6.210	6.058	5.948	5.922
兴安盟	413.284	410.021	396.256	389.867	387.206
乌海	0.030	0.030	0.029	0.029	0.033
巴彦淖尔	3.918	3.971	3.833	3.511	2.726
鄂尔多斯	0.024	0.024	0.024	0.032	0.086
包头	9.220	9.196	8.937	8.839	8.866
呼和浩特	64.781	64.387	62.191	61.486	62.591
乌兰察布	15.905	15.816	15.338	15.359	16.214
赤峰	138.087	138.953	135.387	134.618	134.851
通辽	68.807	68.587	66.428	65.585	65.291
呼伦贝尔	922.282	919.754	891.148	878.457	866.839

表 5 - 9　　　　　第九次全国森林资源清查周期各盟市

森林碳汇价值量密度　　　　　　（单位：元/公顷）

各盟市	2014 年	2015 年	2016 年	2017 年	2018 年
阿拉善	2.589	2.620	2.755	2.794	2.754
锡林郭勒	13.264	13.454	14.153	14.527	14.523
兴安盟	864.922	873.666	913.356	926.669	913.190
乌海	0.074	0.079	0.082	0.078	0.076
巴彦淖尔	6.075	6.218	7.517	8.050	8.719
鄂尔多斯	0.218	0.315	0.415	0.623	0.778
包头	19.964	20.243	21.232	21.526	21.217
呼和浩特	141.352	146.168	153.472	159.209	161.944
乌兰察布	37.406	39.194	42.748	45.674	46.432
赤峰	305.333	314.727	334.818	343.821	341.241
通辽	124.925	147.406	155.544	160.163	156.294
呼伦贝尔	1936.780	1954.743	2046.708	2077.349	1980.600

综上所述，根据森林面积、森林碳汇量、森林碳汇价值量、森林碳汇量密度和森林碳汇价值量密度的核算与统计结果，可以看出，虽然不同盟市的情况各有差异，森林碳汇量及其密度的变化和波动呈现不同特点，森林碳汇价值量及其密度也受到多种因素的影响，但是从整体上看，内蒙古森林碳汇价值量、各盟市森林碳汇价值量及森林碳汇价值量密度在整个研究区间仍呈现增长较为明显的特征，即内蒙古森林碳汇价值量在时间演变中整体呈增长格局。

2. 空间演变格局

根据各盟市森林碳汇价值量及其密度统计结果，对每个研究年份的森林碳汇价值量和森林碳汇价值量密度进行排序：

对于森林碳汇价值量，自 2009 年起至 2018 年，各地区的排列顺序表明了其森林面积、森林碳汇量与森林碳汇价值量之间的密切关系。在这段时期内，呼伦贝尔市始终位居首位，而后依次是兴安盟、赤峰市、通辽市、锡林郭勒盟、呼和浩特市、乌兰察布市、阿拉善盟、包头市、巴彦淖尔市、鄂尔多斯市和乌海市。由于森林碳汇价值量与森林碳汇量呈现正相关关系，而森林碳汇量又与森林面积成正比，因此，在各地区森林碳汇单位价格相等的情况下，各地区森林面积和森林碳汇量的排列顺序与森林碳汇价值量的排列顺序保持一致（见图 5-10）。

针对森林碳汇价值量密度，在 2009 年至 2018 年，不同地区的排名顺序具备一定的稳定性。具体而言，排名依次为呼伦贝尔市、兴安盟、赤峰市、通辽市、呼和浩特市、乌兰察布市、包头市、锡林郭勒盟、巴彦淖尔市、阿拉善盟、鄂尔多斯市和乌海市。在森林碳汇单位价格相等的情况下，各地区森林碳汇量密度的排名顺序与森林碳汇价值量密度的排名顺序保持一致。

根据研究区间对内蒙古各盟市森林碳汇价值量和森林碳汇价值量密度的统计结果，可以发现，两者在东西方向上均总体呈现出由东向西逐渐减少的趋势，但在南北方向上变化较为复杂。对于森林碳汇价值量，在内蒙古东部地区呈由北向南减少的变化趋势，在内蒙古中西部地区则呈由南向北减少的变化趋势；对于森林碳汇价值量密度，在内蒙古东部地区呈由北向南减少的变化趋势，在内蒙古中西部地区则没有明显的变化趋势。造成

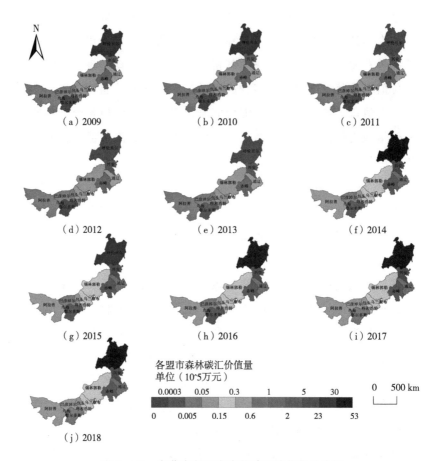

图 5 - 10　内蒙古各盟市森林碳汇价值量分布图

这种森林碳汇价值量分布格局的原因主要有：第一，东部地区平均降水量
和全年降水日高于中西部地区，尤其是东北部地区，全年降水日较其他地
区更多，而降水是促进森林资源生长发展的重要因素之一。第二，内蒙古
地区水资源在地区、时程上的分布很不均匀，东部地区水资源较中西部地
区更为丰富，例如东部地区黑龙江流域的土地面积仅占全区的 27%，而水
资源总量却占到全区的 67%，中西部地区的西辽河、海滦河、黄河 3 个流
域总面积占全区的 26%，而水资源仅占全区的 24%，大部分地区水资源紧
缺。第三，东北部地区所拥有的自然资源更加丰富，使该地区的气候、土
壤等自然因素更加适宜森林资源的生长。例如，湿地作为在维持生态平
衡、保护生物多样性、涵养水源、调节气候、控制土壤侵蚀等方面发挥重

要生态功能的自然资源，在内蒙古东北部地区分布较为广泛，尤以呼伦贝尔市和锡林郭勒盟最为突出，这两个盟市的湿地资源占比达到全区的80%以上。第四，自治区年均气温普遍呈现南高北低的特征，且冬季东部地区天气寒冷的天数较多，而夏季中西部地区的南部高温天气较为频繁，温暖的气候更有利于促进森林资源的生长。第五，各盟市的重点产业对森林碳汇价值量具有重要影响。位于内蒙古东部地区的盟市以旅游业、农业等为主导产业，这些产业的发展对生态环境具有较高的要求，因此包括森林资源在内的自然生态资源会得到更好的培育和保护，使得森林面积更为广阔；而位于内蒙古中西部的盟市更多以矿产、能源等工业产业和羊绒产业为主导产业，这些产业对生态环境并无特定要求，若这些产业发展不当，可能会对生态环境造成一定程度的损害。

同时，根据各盟市不同年份的森林碳汇量结果变化可以发现，随着时间的推移，位于内蒙古阿拉善盟以东、锡林郭勒盟及以西的中部地区森林面积增加速度较其他地区更快，森林碳汇价值量的增长幅度更大，即中部地区与东部地区相比，虽然森林碳汇价值量的差距仍然很大，但是其增幅相较于东部地区已经展现出更高的趋势。综上所述，内蒙古森林碳汇价值量在空间分布上总体呈现东高西低且东北部最高、中西部南高北低、中部地区增速最高的演变格局。

（二）内蒙古草原碳汇价值量时空演变格局

1. 时间演变格局

2005年1月1日，《内蒙古自治区草原管理条例》正式实施，着重规定了草原的承包经营权及其流转问题，并针对自治区的实际情况加强了草畜平衡工作，以加强草原保护。该条例明确规定了禁止开垦草原和严禁非法捕猎活动等内容，同时加强了对草原的监督管理。2011年9月28日，内蒙古自治区第十一届人民代表大会常务委员会第二十四次会议通过了《内蒙古自治区基本草原保护条例》，旨在特别保护基本草原，加强草原生态保护与建设，以促进经济和社会的可持续发展。2020年7月9日，中共锡盟委锡盟行署发布了关于进一步加强草原生态保护与建设的决定，强调坚持人民至上，增进民生福祉。本研究将以上述三个时间节点为基准，对内蒙古草原碳汇的时间演变格局展开分析。

2000—2007 年：在 2005 年 1 月 1 日《内蒙古自治区草原管理条例》正式实施前后，不同盟市的草原碳汇价值量表现出不一样的态势。乌海市草原碳汇价值量在《内蒙古自治区草原管理条例》颁布后出现明显上升，政策的颁布使得乌海市加强了对草原的保护并建立实行目标管理责任制，同时鼓励增加草原建设投入，加强草原监督管理手段与力度，乌海市草原质量在短时期内取得较为明显的改善。反观锡林郭勒盟，其草原碳汇价值量在《内蒙古自治区草原管理条例》颁布后发生了较为明显的下降，由 2004 年的 135.75 亿元持续降至 2007 年的 127.92 亿元，主要原因可能是气候变化所致。相比于 40 年前，该地区年平均气温升高了 1.4℃，年降水量减少了 97.1 毫米，严重的气候变化使得草原生长受阻，草原面积和草原碳汇价值量有所下降。此外，其余 10 个盟市的草原碳汇价值量则没有较大变化，仅受气候影响出现小幅下降，整体而言呈现相对稳定状态（见图 5-11）。

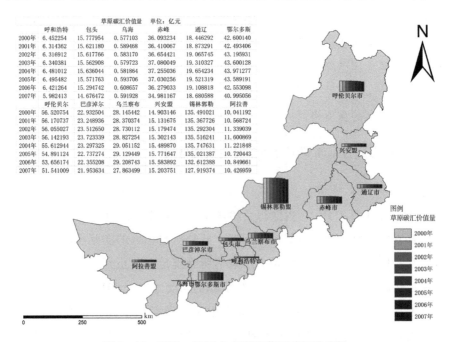

图 5-11　2000—2007 年各盟市草原碳汇价值量

2008—2014 年：在 2011 年 9 月 28 日《内蒙古自治区基本草原保护条例》通过后，各盟市草原碳汇价值量均呈现下降趋势。其中，锡林郭勒盟草原碳汇价值量下降了接近 9%，主要还是由于气候变化的影响，致使草原碳汇价值量由 2008 年的 119.64 亿元降至 2014 年的 108.99 亿元。乌海市草原碳汇价值量下降幅度较大，幅度超过 27%，在 2008—2014 年期间由 0.55 亿元降至 0.40 亿元，除气候因素影响外，乌海市还受到城市扩张的影响导致草原发展受限。此外，其他盟市的草原碳汇价值量在气候变化的影响下也出现了不同程度的减少：呼和浩特市由 5.59 亿元减少至 5.16 亿元，缩减 7.64%；包头市由 13.72 亿元减少至 12.68 亿元，缩减 7.61%；通辽市由 17.54 亿元减少至 16.67 亿元，缩减 16.37%；兴安盟由 14.24 亿元减少至 11.41 亿元，缩减 19.86%；阿拉善盟由 9.74 亿元减少至 8.43 亿元，缩减 13.39%；赤峰市由 32.38 亿元减少至 29.48 亿元，缩减 8.96%；鄂尔多斯市由 38.53 亿元减少至 36.77 亿元，缩减 4.54%；呼伦贝尔市由 48.02 亿元减少至 42.72 亿元，缩减 11.04%；巴彦淖尔市由 20.53 亿元减少至 18.11 亿元，缩减 11.79%；乌兰察布市由 26.07 亿元减少至 23.51 亿元，缩减 9.81%（见图 5-12）。

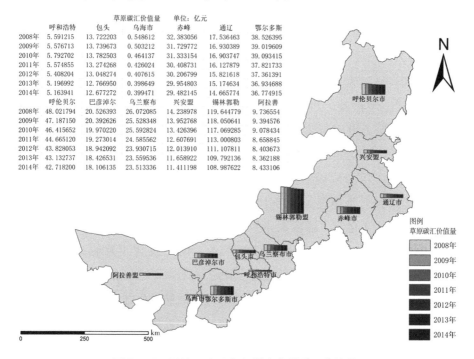

图 5-12　2008—2014 年各盟市草原碳汇价值量

2015—2021 年：在贯彻落实加强草原生态保护与建设决定后，内蒙古的草原碳汇发展整体向好。各盟市草原碳汇价值的主要变化趋势为在 2015—2017 年逐渐增加，于 2018 年发生下降，随后在 2019—2020 年实现重增，但是 2021 年再次出现下降。其中，乌海市草原碳汇价值量首先由 2015 年的 0.41 亿元增至 2017 年的 0.44 亿元，2018 年减至 0.42 亿元，随后 2019—2020 年重增至 0.45 亿元，最终 2021 年减至 0.43 亿元，在 2015—2021 年草原碳汇价值量整体增长 6.03%。赤峰市草原碳汇价值量先由 2015 年的 29.20 亿元增至 2017 年的 30.19 亿元，再减至 2018 年的 29.77 亿元，随后重增至 2020 年的 32.36 亿元，最终减至 2021 年的 30.78 亿元，草原碳汇价值量整体增长 5.40%。鄂尔多斯市草原碳汇价值量先由 2015 年的 37.11 亿元增至 2017 年的 39.56 亿元，又减至 2018 年的 38.96 亿元，随后重增至 2020 年的 40.51 亿元，最终减至 2021 年的 38.55 亿元，整体增长 3.88%。锡林郭勒盟草原碳汇价值量首先在 2015—2017 年由 110.11 亿元增至 116.69 亿元，又在 2018 年减至 114.88 亿元，后重增至 2020 年的 118.85 亿元，2021 年最终减至 113.05 亿元，整体增长 2.68%。此外，其他盟市草原碳汇价值的变化趋势基本相同，仅在个别年份有所差别，在 2015—2021 年，呼和浩特市由 2015 年的 5.36 亿元增至 2021 年的 5.39 亿元，增幅为 0.54%；包头市由 2015 年的 12.77 亿元增至 2021 年的 13.56 亿元，增幅为 6.24%；通辽市由 2015 年的 14.25 亿元增至 2021 年的 16.09 亿元，增幅为 12.91%；呼伦贝尔市由 2015 年 42.98 亿元增至 2021 年的 43.66 亿元，增幅为 1.58%；乌兰察布市由 2015 年的 24.16 亿元增至 2021 年的 25.19 亿元，增幅为 4.30%。兴安盟、巴彦淖尔市和阿拉善盟草原碳汇价值量出现下降，兴安盟由 2015 年的 11.35 亿元降至 2021 年的 11.12 亿元，缩减 2.04%；巴彦淖尔市由 2015 年的 17.97 亿元降至 2021 年的 17.33 亿元，缩减 3.56%；阿拉善盟下降幅度最大，由 2015 年的 8.95 亿元降至 7.50 亿元，缩减 16.18%。在此期间，气候变化是影响草原碳汇价值变化的关键因素。为了应对气候变化带来的挑战，政府出台相关政策提出了一系列加强草原保护管理、推进草原生态修复、促进草原合理利用以及改善草原生态状况的措施，这些政策的实施将有助于提高草原的质量与碳汇数量，从而更好地应对气候变化所带来的影响（见图 5 - 13）。

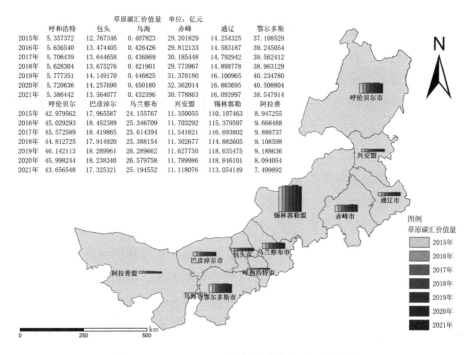

草原碳汇价值量 单位：亿元					
	呼和浩特	包头	乌海	赤峰	通辽	鄂尔多斯
2015年	5.357372	12.767346	0.407823	29.201829	14.254325	37.108529
2016年	5.636540	13.474405	0.426426	29.812133	14.583187	39.245054
2017年	5.706439	13.644658	0.436869	30.185448	14.792942	39.562412
2018年	5.628304	13.675276	0.421901	29.773967	14.888778	38.963129
2019年	5.777351	14.149170	0.446825	31.370180	16.100965	40.234780
2020年	5.720636	14.257690	0.450180	32.362014	16.863695	40.508804
2021年	5.386442	13.564077	0.432396	30.778863	16.093997	38.547914
	呼伦贝尔	巴彦淖尔	乌兰察布	兴安盟	锡林郭勒	阿拉善
2015年	42.979562	17.965587	24.155767	11.350055	110.107463	8.947255
2016年	45.029293	18.452389	25.346709	11.703292	115.379597	9.668488
2017年	45.572589	18.419865	25.614394	11.541621	116.693802	9.888737
2018年	44.812725	17.914920	25.388154	11.302677	114.882605	9.108598
2019年	46.142113	18.289961	26.289662	11.627750	118.635475	9.188636
2020年	45.998244	18.238340	26.579758	11.789986	118.846101	8.094054
2021年	43.656548	17.325321	25.194552	11.118076	113.054149	7.499892

图例
草原碳汇价值量
2015年
2016年
2017年
2018年
2019年
2020年
2021年

图 5 – 13　2015—2021 年各盟市草原碳汇价值量

2. 内蒙古草原碳汇空间演变格局

从空间维度来看，内蒙古自治区草原碳汇价值演变格局表现出相对稳定的特点。其中，锡林郭勒盟始终具备最显著的草原碳汇价值水平，其次是呼伦贝尔、鄂尔多斯、赤峰、乌兰察布、巴彦淖尔、通辽、包头、兴安盟、阿拉善和呼和浩特，草原碳汇价值水平依次递减，乌海市则一直呈现最低的草原碳汇水平。

2010 年相较于 2005 年，内蒙古草原碳汇价值量整体呈现下降趋势，其中东部地区的呼伦贝尔市和赤峰市、西部地区的阿拉善盟下降最为明显，下降比例超 15%。2015 年相较于 2010 年，仅有阿拉善盟草原碳汇价值量波动幅度少于 5%，其他盟市波动幅度均超过 5%，其中东部地区的兴安盟和通辽市下降幅度超过了 15%。2020 年相较于 2015 年，大部分盟市草原碳汇价值量的增长幅度均超过 5%，仅西部地区的巴彦淖尔市和东部地区的兴安盟价值量在 5% 的范围内波动，以及西部地区的阿拉善盟草原碳汇价值量出现下降且减少幅度大于 5%。

　　位于内蒙古中部的锡林郭勒盟在草原碳汇价值方面表现出最高的水平，主要是由于该地区的草原生态系统较为健康，具有较高的植被覆盖率和生物多样性，有助于提高草原的碳吸收和储存能力、维持生态系统的稳定性以及促进生态系统的健康可持续发展。另外，锡林郭勒盟相对较低的人口密度、较低的工业化程度和较少的农业活动都减少了对于草原生态系统的干扰，有利于维持草原的完整性、保持其健康状态并促进碳积累，这也是其草原碳汇价值水平高的重要原因之一。至于其他盟市草原碳汇能力相对较低的情况，主要是由于过度放牧、土地沙漠化、气候变化等因素导致，使这些地区的草原生态系统遭到不利影响，降低了其碳吸收和碳储存能力。其中，过度放牧是内蒙古草原生态系统目前面临的重要问题之一，特别是在呼伦贝尔、鄂尔多斯、赤峰等地，过度放牧现象较为严重，植被磨损和土壤侵蚀导致草原碳汇能力降低。鄂尔多斯、巴彦淖尔等地区则受土地沙漠化问题的影响较为严重，这是由于不合理的土地利用和土地退化引起的，沙漠化地区的土地对于植被生长具有抑制作用，导致其无法有效地吸收和储存碳，造成碳汇能力下降。温度升高和降水不足等气候问题有可能导致草原出现干旱化和草地退化，该现象在阿拉善盟等干旱地区尤为显著，不利于草原进行碳吸收和碳储存。此外，各盟市草原碳汇价值的变动还受到其他人类活动干扰的影响，例如农业扩张、城市扩张和工业活动等，这些人类活动不仅会导致草原面积的减少，还会对生态系统完整性造成破坏，从而导致碳汇能力的降低。乌海市正是一个典型的例子，受城市扩张和工业活动增加的影响，草原面积不断减少，碳汇能力显著下降。

　　综上所述，内蒙古自治区的草原碳汇价值格局在空间上表现出差异明显的特征，其中锡林郭勒盟在该格局中占据显要地位，而其他盟市的草原碳汇价值则相对较低。这种特征的形成主要是由生态健康状况、人类活动干扰、气候变化等因素相互作用所驱动的。随着人们对生态保护的重点关注，气候变化影响有所减少，同时政府相继出台一系列针对草原保护与管理的政策，对于减少人类活动对草原的破坏、合理利用草原资源、维护和增强内蒙古草原生态系统的碳汇能力具有重要意义。内蒙古各盟市草原碳汇价值量及其变化如图 5－14 所示。

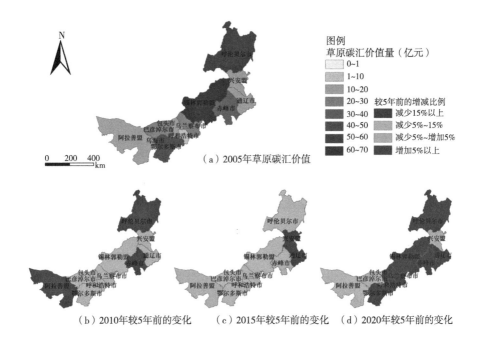

图 5 - 14　内蒙古各盟市草原碳汇价值量及其变化

第四节　本章小结

本章首先对研究区选择思路、研究区概况以及相关数据来源进行阐述，在此基础上结合市场化机制分别建立森林与草原碳汇价值量核算模型，对第八次全国森林资源清查周期（2009—2013）和第九次全国森林资源清查周期（2014—2018）的森林碳汇价值、2000—2021 年的草原碳汇价值量进行科学核算，进而分析与总结内蒙古林草碳汇价值量时空演变格局。

第六章 林草碳汇产品价值实现的典型模式与经验借鉴

　　林草碳汇产品的价值实现不仅关联到生态环境的保护，还涉及经济、社会和政策等多方面的综合考虑。通过建立有效的价值实现长效机制，充分挖掘和利用林草生态系统的碳汇潜力，可以在减缓气候变化的同时为地方和国家经济发展增加新的增长点。目前，各国已探索多种林草碳汇的价值实现模式，不仅吸引政府、企业和社会组织的参与，也促进了科技在碳汇监测和管理上的创新。其中，包括"碳汇＋"模式、碳票、碳金融、政府生态补偿等各具特色的形式，展现了林草碳汇在全球气候治理中独特的价值。在此背景下，探讨林草碳汇产品的典型价值实现模式并总结国内外相关经验借鉴，不仅能够更好地理解碳汇的经济与生态价值，也为未来在气候变化应对和可持续发展战略中的应用提供宝贵的参考价值。本文将着重介绍几种典型模式及案例，分析其实际操作中的经验和挑战，以期为林草碳汇的价值实现提供进一步的思路和借鉴。

第一节 林草碳汇产品价值实现的典型模式

一、"碳汇＋"模式

　　"碳汇＋"模式是指基于碳汇资源的多元化开发与应用，通过政策引导、技术创新和市场机制将碳汇与多种经济、社会、环境活动相结合，实现生态、经济和社会效益的全面提升。该模式不仅关注碳汇的生成与交易，还积极探索其在生态保护、乡村振兴、生态司法等多个领域的应用，形成多层次的林业碳汇价值实现路径。

（一）"碳汇＋生态保护"模式

"碳汇＋生态保护"策略的核心目的是利用自然生态系统或采取人工植被恢复等手段，提升二氧化碳的吸收与储存能力，从而降低大气中的二氧化碳浓度，这一模式构成了温室气体减排的有效途径，主要包括生态修复计划和碳汇补偿机制。不仅有利于缓解气候变化，还能促进生物多样性保护和生态系统的可持续发展。近年来，新疆维吾尔自治区依托国家山水林田湖草生态保护修复工程、中央林业草原生态修复保护恢复资金项目，持续加强草原保护与修复工作，改善草原退化趋势，恢复草原生态功能。阿勒泰地区布尔津县大力践行"绿水青山就是金山银山、冰天雪地也是金山银山"的发展理念，不断加大生态环境保护和环境整治力度，先后实施退牧还草、休牧禁牧、草原碳汇开发等项目，推动草原畜牧业转型升级，实现生态与经济协调发展，走出一条生态环境和经济发展和谐相处、共生共赢的绿色发展之路。除此以外，新疆在创新碳汇补偿机制方面进行积极探索，通过碳市场交易等形式激励社会各界参与生态保护和修复工作，这一机制不仅可促进生态保护的可持续发展，还能够激发社会各界参与生态保护的积极性。其依托 2017 年以来的退牧还草、退还草原修复区域，根据VCS（国际核证减排标准）开展了草原可持续管理碳汇项目开发工作。2023 年 4 月，陕西绿能碳投环保科技有限公司订购协议成功执行，是全疆首单草原碳汇项目交易，交易面积 97.5 万亩，产生碳汇量 67 万吨并实现收益 1976.5 万元，成为新疆及全国范围内"双碳"背景下实现生态经济价值转换的"里程碑"事件。

（二）"碳汇＋乡村振兴"模式

"碳汇＋乡村振兴"模式是基于碳汇资源的多元化，乡村利用现有碳汇资源将碳汇与多种经济、社会、环境活动相结合，实现生态、经济和社会效益的全面提升。福建依托丰富的森林资源和独特的自然景观，大力发展森林旅游和康养产业。通过建设森林公园、湿地公园等生态旅游项目，吸引大量游客前来观光游览和休闲度假，进而带动当地农村经济的发展。除此以外，福建南平市顺昌县创新推出了"一元碳汇"项目试点，该项目从脱贫村、脱贫户的碳汇林开发破题,将碳汇项目实施所产生的碳汇量通过微信小程序扫码方式,以1元10千克的价格向社会销售,资金进入财政设立的专户,专项用于支持巩固脱贫攻坚成果,衔接乡村振兴工作并打通生态产品价值实现新路径。"一元碳汇"微信小程序上线运营已三年多时间,进一步升级为"公益""旅游"和"乡村振兴"等三个版块。"公益"版块将公益林以及城市公园等城区绿化产生的碳汇向公众和企业销售,并为其提供"在线植树"的场景,使其足不出户就可以为地球增绿和生态保护贡献一份力量。同时,成立"零碳环保公益基金会"作为"公益"版块交易资金的承接方,所得资金用于支持绿色低碳发展和乡村振兴工作。"旅游"版块将旅游风景区的林地林木纳入碳汇资源库,并通过旅游场景认购实现碳汇价值,引导大众"绿色低碳"生活,所得资金用于支持旅游事业发展和生态环境保护。脱贫村、脱贫户通过"一元碳汇"所获得的收益权还可以作为抵押品,通过"森林生态银行"这一媒介获得顺昌县信用联社与顺昌"森林生态银行"联合推出的专属信贷产品"碳汇致富贷",从而解决生产经营中遇到的资金问题。

(三)"碳汇+生态司法"模式

"碳汇+生态司法"模式是司法机关、行政机关在办理破坏生态环境资源案件时,引导赔偿义务人采用认购碳汇的方式替代性修复以及承担生态损害赔偿责任的办案机制。在该模式下,赔偿义务人自愿签署替代性履行生态环境修复责任承诺书或碳汇损失赔偿承诺书后,相关部门向林业主管部门出具通知书;林业主管部门收到通知书后组织测算赔偿义务人认购林业碳汇的金额和碳汇损失量;相关部门收到林业主管部门反馈的结果后引导赔偿义务人认购并核销林业碳汇。赔偿义务人履行完毕碳汇损失赔偿责任的,相关部门应在相关文书查明事实部分载明,可以依法作为对赔偿义务人从宽处理的依据。

此模式有效解决了补栽补种判决在生态修复方面存在的"即时性与全面性"不足的问题,"生态司法+碳汇"的工作机制丰富了认购碳汇的内涵、价值和法律属性。江西、福建、厦门等多地在探索建立"碳汇+生态司法"机制,其中厦门市还设立生态司法公益碳账户——"厦门市生态司法公益碳账户"，公益碳账户的设立是为了实现碳排放的管理和减排目标。这一制度的核心在于通过碳账户记录和核算每个实体的碳排放状况，进而制定相应的减排措施和激励政策。厦门市公益碳账户的运作模式主要包括碳资产的登记、交易和管理，为企业和个人的碳排放提供了明晰的法律框架和经济激励，鼓励生态环境损害赔偿责任方主动选择向厦门产权交易中心购买"绿碳"和"蓝碳"等生态价值产品，以此作为履行其替代性生态环境修复责任的途径，并将所购碳汇转入生态司法公益专用的碳账户中。这不仅有助于控制温室气体的排放，还能推动可再生能源的发展。同时，厦门市通过整合生态司法和公益碳账户形成了一套独特的生态环境保护体系。在这一体系中，法院作为生态司法的实施主体，负责审理涉及环境保护的案件，保障法律的公平实施；而财政部门则负责公益碳账户的资金管理和使用，确保减排资金能够有效投入环保项目中去。此外，宣传部门负责宣传教育，提高公众对生态保护的认知和参与度。

二、碳票模式

林业碳票是一种权益证明，代表林地和林木因固碳释氧功能而产生的碳减排收益。这份凭证基于森林的生长量，通过科学计量方法转换为具体的碳减排量，并经林业、生态环境等相关部门审核确认后，以"票"的形式颁发给林权拥有者。林业碳票具备交易、质押、兑现及抵消等多重功能，且可作为银行贷款增信措施的补充。在林业碳票的应用中，有以下几个重要方面：

（1）林业碳票可以作为第二还款来源（即质押品）进行融资。持有林业碳票的业主可以将碳票质押给银行，以获取质押贷款，这有助于解决林业碳汇项目在融资过程中担保不足的问题。（2）投资银行可以通过碳票交易集中和整合碳资产。通过收购分散的林业碳汇，进行整理和优化，然后通过第三方机构的认证实现碳票的集中交易。（3）为保障碳票的交易价值，保险公司可以推出针对林业碳票的灾害保险。这些保险产品能够覆盖火灾、干旱、病虫害等自然灾害，为碳票持有者提供风险保障，从而增强碳票的市场接受度和交易稳定性。

贵州省某支行创新实施了"保证担保＋林业碳票质押"的复合融资模式。独山县拥有 253.20 万亩的林地和 234.30 万亩的森林，其活立木总蓄积量高达 600 万立方米，森林覆盖率更是达到了 64.50%。丰富的森林资源为林业碳汇项目的开发提供了得天独厚的条件。鉴于此，独山县被选定为黔南州碳汇（碳票）交易的先行试点县。该县积极把握政策窗口期，在与林业局、金融办等相关政府部门充分沟通与协调的基础上，独山县顺利获得了政策支持。随后，由省、州、县三级行政机关的专业人才，携手地方林业局及林业领域的专家共同组成了一支专业团队，深入林业碳票减排量的监测区域进行实地考察，细致调研了不同树种及其年龄组的碳储量情况，并对碳票的实际价值进行了科学严谨的核查与核算。同时，进一步深化与各大金融机构的调研与合作交流，围绕融资模式的创新、质押登记的流程优化等关键问题展开深入探讨。在此基础上量身定制了一套独特的碳票质押金融服务方案，旨在满足林业碳汇项目的特定需求。为加速业务推进，独山县还特别开设了"绿色通道"，提供了一系列包括上门对接服务、资料整理协助以及产品深入交流在内的"全方位""管家式"服务。这一系列举措，尤其是通过"保证担保＋林业碳票质押"这一创新性的混合融资模式，以 3 万亩林地林木为依托，成功获批并发行全县首张林业碳票，成功获批农村土地流转和土地规模经营贷款 2.16 亿元，用于支持高标准农田建设项目。

三、碳金融模式

碳金融产品是建立在碳排放权交易的基础上，服务于减少温室气体排放或者增加碳汇能力的商业活动，以碳配额和碳信用等碳排放权益为媒介或标准的资金融通活动载体。

（一）碳汇银行

碳汇银行的设计逻辑紧密聚焦于生态产品价值实现的主体，其核心策略是构建一个涵盖"政府—市场—社会"的利益与行动共同体。鉴于碳汇生态产品的生产、转化及效益产生过程涉及众多利益相关方，任何单一主体主导的价值实现模式都难以全面应对复杂多变的利益冲突。因此，关键在于发掘并围绕碳汇生态产品价值实现主体的共同利益，以此作为桥梁，打造"收益共享、成本共担"的利益共同体。具体而言，政府、市场与社会在追求经济发展与生态建设双赢目标方面是一致的，但侧重点有所不同：政府更强调生态目标，而市场与社会则更侧重于经济效益。这一利益共同体从根本上由供需关系驱动。政府凭借其权威性和公信力能够稳定市场预期，确保相关利益方的盈利稳定性，从而缓解财政压力，提升资金使用效率；市场则通过供求关系、竞争机制及价格杠杆最大化生态产品的价值实现效率，而政府的监管与社会力量的参与能够有效防止市场失灵；社会力量主要通过提供中介服务填补政府与市场在某些特定情境下可能同时出现的失灵空白。

基于对上述利益联结机制的深入解析，碳汇银行模式成功构建了"政府搭台—市场运作—社会参与"的行动共同体。在这一框架下，"政府搭台"体现为政府将产权确认、核证备案、运营管理、生态修复等关键职能赋予碳汇银行，并承担审核与监督职责，以确保交易信息的透明度和资源使用的合法性。政府在此模式中的角色定位是碳汇银行顶层设计的规划者、交易市场的监管者以及市场主体的培育者；"市场运作"则意味着碳汇交易的全过程均在碳汇银行平台上完成，银行将整合后的碳汇生态产品出售给需求方，并依据约定比例将所得利润用于生态修复和利润分配；"社会参与"则强调广泛吸纳金融服务机构、咨询机构、非政府监督组织等社会力量，为碳汇银行及其交易双方提供必要的资金支持、专业咨询及第三方监督，形成多方参与的良性互动。

通过构建碳汇生态产品价值实现的利益与行动共同体，碳汇银行旨在实现"高排得降、人民得利、社会得绿"的三重积极效果。具体而言，"高排得降"旨在通过建立标准化、体系化的碳汇银行平台，激发碳汇供给方的生产积极性，最大限度地利用生态系统的固碳功能，从源头有效控制碳排放；"人民得利"则指拥有碳汇资源的主体能够借助碳汇银行平台，将原本无形的碳汇资源转化为实际的经济收益以实现生态资源的财富化，特别是帮助欠发达地区的群众提升生活水平，逐步缩小与发达地区的差距，共享发展成果；"社会得绿"强调碳汇交易不仅不会损害自然环境，反而通过交易所得资金反哺生态系统的修复与建设，为美丽中国的建设增添更多绿色元素与生态价值，推动社会整体向更加绿色、可持续的方向发展。

我国在福建省率先推行"森林生态银行"试点项目，旨在确保林农获得稳定且可持续的经济收益，同时提升林地的综合经济效益。这一创新模式通常由政府主导出资，精心构建一个集自然资源管理整合、转化升级、市场化交易及可持续运营于一体的综合管理平台。该平台深受商业银行"分散式输入、集中式输出"运营模式的启发，致力于推动"资源—资产—资本"的生态产品价值高效转化。具体实践路径包括三个关键步骤：首先，对零散分布的森林资源进行确权登记，通过明确界定森林资源的所有权与使用权，清晰划分生态产品的权责边界；其次，灵活运用赎买、租赁、托管、入股、抵押担保等多种手段，实现零散森林资源的有效整合与集中储备；最后，积极引入社会资本与专业运营力量，由资深运营商全面接手资源的整体运营，依托发展特色林业产业、开拓生态旅游市场、打造特色生态产品品牌等多种途径，深入挖掘生态产品的内在价值，逐步构建规模化、专业化、产业化的运营新机制，为农户开辟更多资本性收益与经营性收入的渠道，助力其生活水平迈上新台阶。

（二）碳汇基金

碳汇基金是一种集政府、企业和个人资本的专项投资基金，其核心目标是促进特定区域内的碳汇交易活动，并投资于碳减排项目，以期在一段时间后获得相应的经济回报。根据投资方向的不同，碳汇基金可细分为两大类：一类是专注于减排项目的碳基金，主要将资本投入工业和能源领域，通过技术升级和购置高效设备等手段提高能源使用效率，从而有效减少碳排放；另一类是专注于增汇项目的碳基金，主要投资于专业的碳汇造林项目，旨在通过造林活动增强陆地的碳吸收能力从而提高碳汇的储量。

2021 年 7 月，全国碳排放权交易市场正式启动，为中国林业碳汇基金的发展提供了新的契机。《京都议定书》签署以后，全球碳交易市场迅速兴起，国际林业碳汇基金蓬勃发展。2000 年世界银行最早成立了碳汇基金，利用发达国家资金购买发展中国家减排项目产生的核证减排量。自

2012 年以来，世界银行相继设立了市场准备伙伴关系基金、低碳发展倡议基金、森林碳伙伴基金和生物碳基金以探索国际碳金融发展新模式。自 2016 年《巴黎协定》签署以来，国际林业碳汇基金投融资渠道进一步拓宽。

碳汇基金面向碳汇要素市场，能辅助实现减缓温室气体排放、建设绿色低碳城市的目标。其中，中国绿色碳汇基金会是全国首家以增汇抵排，应对气候变化为主要目标的全国性公募基金会。在国家应对气候变化战略布局的大背景下，中国绿色基金会设立专项基金支持绿色碳汇发展，目前已经有山西碳汇基金项目、浙江碳汇基金项目、北京碳汇基金项目、温州碳汇基金项目、大兴安岭碳汇基金项目等 15 个碳汇基金。

（三）碳汇质押融资

银行机构开展林业碳汇质押融资服务。银行机构信贷支持林业碳汇生态产品价值的实现主要以林业碳汇资产或林业碳汇预期收益权作质押，并辅以相关风险分担机制，向贷款主体提供资金支持，用于满足林业碳汇项目开发、生态文旅发展、林业经济发展等。

1. "碳汇质押贷款 + 远期约定回购协议" 模式

2021 年 3 月，顺昌县的国有林场与兴业银行南平分行达成了林业碳汇质押贷款及远期约定回购协议，通过"碳汇贷"这一综合融资项目，根据"售碳 + 远期售碳"的林业碳汇组合质押贷款业务模式，福建省成功实施了一项创新融资项目，该项目以 30 万吨林业碳汇产品的预期收益作为质押，从兴业银行获得了 2000 万元贷款，旨在提升森林质量和增加林业碳汇量。此案例不仅是福建省内首例将林业碳汇作为质押物的融资尝试，也是全国范围内首次以远期碳汇产品作为标的物进行约定回购的融资安排。

2. "碳汇未来收益权 + 保险单" 模式

浙江龙泉农商银行创新性地推出了林业碳汇银保联动金融服务，旨在为林农提供融资支持。在林农申请贷款过程中，该银行依据全国碳汇交易平台的参考价格、浙江省排污权交易网的数据以及全国碳市场交易的行情，对质押林地的未来碳汇收益进行科学核算。预估基于地上与地下生物量在未来十年内预计产生的碳汇总量及年均减排量。此外，保险机构同步为碳汇林提供综合保险，并允许以预期碳汇价值的保单作为质押物进一步增强融资保障。以碳汇损失计量为补偿依据，将因合同约定灾因造成的国有林场的碳汇项目资源损失指数化，当损失达到保险合同约定的标准时，视为保险事故发生，保险公司按照约定标准进行赔偿。该保险保费为每亩3元，保额为每亩500元。在保险有效期内，若保险标的林木因火灾、暴雨、台风等自然灾害直接导致死亡或受损，且受损情况达到以下标准：公益林、用材林及竹林面积超过3亩（不含），经济林损失金额超过500元（不含），保险人将依据合同条款承担相应的赔偿责任。

该业务以经生态环境部门同意登记的森林经营碳汇普惠项目为标的，在考虑林业碳汇未来收益权价值的基础上，参考林业商业保险保额，最终决定分配给贷款需求者的贷款限额，通过"未来收益权+保险单"模式发放贷款，既利用了未来收益权的创新期货形式增加了融资渠道，又通过传统保单为融资行为增加了保障，实现了保险与碳汇质押、融资的有机结合，为碳汇融资创造了一种风险保障下的授信放大机制。

（四）碳保险

在全球范围内碳保险作为一种保险产品，其目的在于分散在《公约》《京都议定书》以及《巴黎协定》等国际协议框架下，或在模拟京都规则的碳排放权市场交易中产生的风险，以及相关的碳金融活动风险并提供信用担保。在国内市场，根据中国证监会于2022年4月颁布的金融行业标准《碳金融产品》（JR/T 0244—2022），碳保险被定义为一种旨在降低碳资产开发或交易过程中违约风险的保险产品。根据被保险标的的不同，碳保险产品可以分为三大类别：第一类是针对碳排放权交易市场买方的保险，主要覆盖与《京都议定书》相关的项目风险以及碳信用价格的波动风险；第二类是面向卖方的保险，主要承保减排项目的实施风险并提供企业信用担保；第三类是针对其他特定风险的保险，例如碳捕集保险等。碳保险的具体种类包括碳交易信用保险、碳信用价格保险、碳交付保险、碳排放信贷担保保险、清洁发展机制（CDM）支付风险保险和碳损失保险等。这些保险产品旨在覆盖碳交易过程中可能出现的各种风险，确保交易双方的权利和义务得到保障。

中国人寿财险福建省分公司创新开发出林业碳汇指数保险产品，该产品在理论层面上主要采用碳汇理论方法学，在技术层面上主要运用卫星遥感科技手段，在理论与技术有机结合的基础上，经过长期的实地考察、研究与论证，匹配当地林业历史损失风险，建立了林业损毁与固碳能力减弱计量的函数模型，2021 年 4 月，福建省龙岩市新罗区成功实施了该保险产品的首个案例，其年度保费定为 120 万元。依据保险条款，若当年森林损失累计达到 232 亩，则视为触发保险事故，理赔起始金额为 100 万元，最高赔付限额可达 2000 万元。

四、政府生态补偿模式

政府生态补偿机制旨在通过财政转移支付和补贴等手段实现碳汇产品的价值转化。碳汇产品因其固碳释氧功能惠及全社会，但农户为维护碳汇所需承担的成本责任较大，这凸显出其显著的经济外部性。因此，政府需及时介入发挥其自身职能为农户提供补偿，将林业碳汇的外部性价值转化为生态保护的经济激励。依据补偿资金来源可分为中央与地方政府的生态补偿。早期研究侧重于对森林整体生态效益的补偿，没有特别强调林业碳汇的贡献。然而，随着对提升林业碳汇供给与造林积极性的需求不断增长，研究焦点转向利用公共财政机制专门补偿林业碳汇生态效益，除了需要制定碳汇造林补偿标准，还有核算碳汇林经济效益等其他方面，为政府补偿路径下林业碳汇产品价值的实现提供了理论支撑。

在实践层面，一些发达国家中央政府已经开始对林业碳汇实施生态补偿的尝试。例如，韩国补贴林业碳汇项目的申报费用；澳大利亚联邦政府则设立了减排基金旨在鼓励节能减排，并补偿林木营业主体在选择提供固碳服务时不得不损失的经济利益。相比之下，我国中央政府实施的"森林生态效益补偿基金"主要为公益林的营造、抚育、保护和管理提供资金帮助，但是相关补偿还没有将林业碳汇及其附加的生态效益考虑在内；而在地方政府层面，生态补偿开始将重点放在促进林业碳汇的发展。以四川省为例，该省于 2022 年推出了中国首个省级林业碳汇补贴政策，对通过国内外碳信用市场主管机构注册或备案的林业碳汇项目试点县，采用发放 50 万~

100万元奖金的方式为这些企业提供资助。综上所述,林草碳汇产品价值实现的典型模型如图6-1所示。

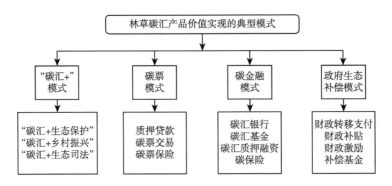

图6-1 林草碳汇产品价值实现的典型模式

第二节 林草碳汇产品价值实现的经验借鉴

一、碳金融助力林草碳汇产品价值实现

由于我国对于金融支持林草碳汇产品价值实现的研究晚于国际上对此的研究,而欧盟和美国是全球碳交易最活跃的地区,同时也是碳金融产品最丰富的地区。2020年欧盟和美国的碳交易分别约占全球总量的82.6%和10.3%。除碳排放配额、核证减排量等基础业务外,远期、期货、期权、掉期等衍生品交易也非常普遍,尤其是碳期货交易尤为频繁。自欧盟碳市场开市以来,期货交易的占比持续提升,截至2020年末,欧盟碳市场期货交易占比超过了93%,稳居全球碳金融衍生品市场首位。所以国际上对于金融支持林草碳汇产品价值实现的研究是值得借鉴的经验。

(一) 较为成熟的碳配额分配机制

为有效推进碳减排,欧盟实行碳排放配额分配制,即对符合条件的企业分配一定的碳排放配额,当企业碳排放量超过配额时,超出部分需通过市场化的手段获取排放权。至于配额如何分配，前期主要采用的是"自下而上"的分配方式，即由各成员国自行制定配额总量，经欧盟委员会批准后实施。前期配额基本免费，极低的成本极大地增强了控排企业参与碳交易的积极性，但免费配额的泛滥也使得配额失去了应有的价值以及对促进碳减排的积极作用。对此，欧盟开始采用"自上而下"的分配方式，即由欧盟委员会统一制定各成员国的配额总量，在扩大行业覆盖面的同时逐年缩减配额总量。此外，规定控排企业拥有一定额度的免费配额，超过免费额度的部分通过市场拍卖的方式进行分配，并逐步下调免费比例，最终实行所有配额均采用有偿拍卖的方式进行分配。美国对碳排放配额的分配是有领先示范作用的，参与碳排放配额分配的各州政府在碳排放配额分配时要求全部拍卖，各州政府必须参与对碳市场方案的定期审查。在2016年开展的第二轮区域温室气体减排倡议方案审查中，美国联邦政府对碳量减排核定、碳配额拍卖、履行公约和碳交易规则等多方面进行全面改革，建立了包括配额分配在内的完善的碳交易市场体系。

和国外体系类似，我国目前碳分配主要采用事前分配的方法，也就是在履约期开始前就确定了纳入主体的免费配额数量。虽然事后分配在理论上被认为缺乏经济效率，且在国外体系中极少应用，但为解决电力生产成本传导困难和与去产能等政策进行协调，该方式也得到了比较广泛的应用，即在履约期开始前，先按一定方法为企业分配部分配额，待履约期结束后再根据企业当年的实际产量、碳排放量或者产值等调整企业可获得的免费配额数量。但是除了免费分配以外，国外常用的配额拍卖在国内不太适用，只有部分试点将拍卖作为少量配额的分配方法，部分作为一种市场调节方式，也有试点两种目的兼具。试点排放单位的调研信息显示，基于实际产量的行业基准法和历史排放强度的分配方法最受认可，而拍卖法的受认可程度最低。因此全国ETS应加速采用拍卖这种有偿分配配额的方式，逐步提升有偿分配的比例，同时相应减少免费分配配额的比例。在配额拍卖规则的设计中，应借鉴国外体系的经验和教训，以便充分发挥拍卖在价格发现、提高市场流动性、调节市场等多方面的作用。可以通过设定拍卖底价确保市场碳价在一定水平之上，真正通过ETS促进企业减排、为我国"碳达峰碳中和"目标的实现作出实质性贡献；还可以通过设定一个相对较高的碳价或者多个较高的不同碳价，并将其作为增加额外的配额拍卖数量或者进行配额定价出售的触发条件以控制 ETS 中重点排放单位的经济成本。

（二）较为广泛的碳市场参与主体

随着碳交易制度逐渐健全与碳交易市场日益发展，欧盟及美国的金融机构和私人投资者对碳交易的兴趣日益上升。为了吸引更加多元化的投资者参与，意大利、荷兰、西班牙、丹麦等多个欧盟国家建立了国家级碳基金以加强对市场参与者的支持力度。到 2020 年底，有资格参与欧盟碳排放配额拍卖的市场主体数量比年初增加了 9.3%，控排企业占比最高，达到76%，投资公司和信贷机构占 18%，非金融中介占剩余的 6%。在美国，碳金融市场的参与者包括各区域碳市场的控排企业、金融机构、项目开发者、经纪公司和个人投资者等，银行、保险等金融机构提供碳金融产品和服务，清算机构负责清算，咨询机构则提供信息和技术支持等中介服务。

林草碳汇产品价值的实现离不开碳市场，碳市场的运转离不开多样的市场参与主体，这需要政府、企业、非政府组织、科研机构以及个人消费者等多方的共同努力。碳汇基金的设立还可以聚集资源，风险可以通过多个项目的组合来分散，使得单一项目的风险对整体基金的影响降低。这种方式能够提升投资者的信心，从而吸引更多的资本流入碳汇市场。另外，碳汇基金还能够作为促进公众参与的纽带，通过透明的运作机制提升碳汇项目的可信度。公众对碳汇项目的信任是影响市场参与的重要因素。设立碳汇基金后，定期发布项目进展、资金使用情况以及碳汇成果等信息可以增强公众的参与感和认同感，促使更多个人和团体参与到碳汇活动中。最后，碳汇基金的建立有助于推动政策创新，为碳汇市场提供更为良好的生态环境。政府可以通过基金的引导制定相应的政策以鼓励企业及个人参与碳汇活动，例如税收优惠、碳交易配额等，从而形成良性互动，促进碳汇市场的成熟与扩展。

（三）较为丰富多样的碳金融产品

自 2005 年欧盟开始推行碳排放权交易体系时便大力促进碳远期、期货及期权等碳衍生品的交易活动。欧洲环境交易所、欧盟气候交易所等多个交易平台推出了包括每日期货、拍卖期货、期权、序列期权及互换等在内的不同类型碳金融产品。另外，欧盟的金融机构还积极拓展碳信贷、债券、基金及保险等业务，为市场参与者提供了丰富多样的投融资选项。比如，2006 年芝加哥气候交易所便完成了全球首个碳信贷项目的登记，美国的碳金融市场也十分活跃，其产品种类几乎涵盖了金融行业的所有范畴。欧洲国际再保险公司也推出了全球首份碳信用保险产品。

开发新型碳汇金融产品是以林草碳汇资产或其收益权作为质押物，并结合保险或担保服务来共同承担风险，有效促进了远期碳汇产品与林草碳汇质押的融合且拓宽了融资渠道。对于林草碳汇开发过程中存在的成本高、收益滞后以及承贷主体分散等难题，金融机构需要创新信贷产品，对林业碳汇产业链实施集中授信和"打包"贷款策略，以此降低单一客户的融资风险并提升整个林草碳汇产业链上资金需求方的融资能力。另外，发行林草碳汇绿色金融债券也是一个可行的方案，利用债券融资成本低、期限长、金额大的优势，发行用于林草碳汇项目的专项债券以适应其开发周期长、资金需求大、收益不稳定的特点。政府可以为此类债券提供背书，以林草碳汇的预期收益权作为还款保障，确保债券的本息偿还和持续运营，从而支持林草碳汇项目的稳健发展。

二、制度体系保障林草碳汇产品价值实现

除碳金融以外，世界各国在其他生态产品价值转化方面积极探索并取得了一定成就，但由于我国与世界发达国家国情、制度等多方面的不同，以及各地区之间地理位置、自然条件等因素的不同，应结合我国以及各地区的实际情况汲取其可借鉴经验。

（一）健全价值转化的政策、核算与认证体系

生态产品价值转化的制度体系主要包括政策支持、价值核算体系、生态产品认证体系。在政策支持方面，哥斯达黎加政府多次修订《森林法》，明确了森林的四大功能，并对森林生态补偿制度的主客体、资金来源、合同协议和保护激励措施等方面制定了全面的规定。在价值核算体系方面，

为了解决生态产品"度量难"的问题,中国已经制定了《生态产品总值核算规范(试行)》,明确了指标体系、具体算法、数据来源和统计口径,推进核算的标准化和智能化。在北京、浙江、安徽等地探索开展了特定地域单元生态产品价值(VEP)核算,并推动核算结果在经营开发、担保信贷、权益交易等方面的实际应用。在生态产品认证方面,国际上普遍推行认证制度,以此鼓励企业和林业生产者践行可持续发展模式和生产环保型产品,从而获取生态产品的附加价值和推动节能和资源减耗。上述实践表明我国应在产权、生态核算、绿色产业和产品标签体系等方面加强理论研究和实践探索,制定基于空间分布的差异化生态产品价值转化政策。

不同于其他省份生态以及地理情况,内蒙古位于中国北部边疆,横跨东北、华北和西北三大区域,是我国北方地区面积最广、生态类型最为丰富的生态功能区。其丰富多样的自然景观、多元的生态服务功能以及多层次的生态结构奠定了内蒙古在全国生态环境保护工作中重要地位与肩负的使命责任。其在政策上需要坚守"三区三线"原则,全面叫停天然林与公益林的商业性砍伐活动,加大对天然草原的全面保护力度,并严格执行禁牧、休牧和草畜平衡等相关规定。由于其重要的地理位置以及生态产品价值转化在其经济发展的重要位置,在借鉴其他地区通用经验的同时也要根据实际情况进行调整,内蒙古在生态经济发展中需要特别强调荒漠化防治和重点生态工程建设。

(二) 完善生态补偿制度、拓宽融资渠道

林草碳汇产品价值的有效转化离不开资金的支持。欧盟结合生态产品的类型、区位和等级标准制定了差别化的补偿支持标准,并普遍建立了中央财政(60% ~ 70%)和地方财政(30% ~ 40%)按比例出资的财政支出结构。各级政府利用生态税、环境税、绿色基金、社会捐赠等方式来筹集生态补偿金,然后由政府以转移支付的方式向私有林地所有者提供经济补偿。我国有偿使用森林资源生态价值新阶段的开始标志是2001年实行森林生态效益补助资金试点并纳入中央财政预算。2004年中央财政森林生态效益补偿制度正式建立,2007年财政部、国家林业局印发《中央财政森林生态效益补偿基金管理办法》中规定,中央财政补偿基金用于重点公益林的

营造、抚育、保护和管理，平均标准为 5 元/每年每亩。2011—2019 年中央财政将非国有国家级公益林补偿补助标准提高到 16 元。2015—2017 年中央财政将国有国家级公益林补偿补助标准提高到 10 元。对于地方公益林，地方财政会负责安排森林生态效益补偿，根据各自的财政能力逐步提高补偿标准。补偿的具体方式和标准会根据各地的财政状况和森林资源状况有所差异。例如，陕西省将补偿对象明确为公益林的所有者或经营者；云南省则实施了"管补分离"的森林生态效益补偿机制，将补偿资金细分为 5 元的管护费和 10 元的补偿费，明确了补偿标准，提高了兑现效率，进而增加了林农的收入；浙江省则建立了公益林补偿政策的周期性核算制度，每三年为一个周期，对每个周期的补偿标准、政策以及绩效目标进行核算，并根据核算结果适时进行调整。2016 年，《国务院办公厅关于健全生态保护补偿机制的意见》中明确提出，健全国家和地方公益林补偿标准动态调整机制，完善以政府购买服务为主的公益林管护机制。在相关意见的指导下，我国生态保护补偿机制的建设取得了显著进展，森林生态补偿机制也在持续发展与完善。就我国而言，政府主导的森林生态补偿方式主要包括政府财政扶持、补贴以及优惠信贷等措施。相比之下，市场化的补偿方式仍主要局限于某些区域的实践探索阶段，尚未广泛形成规模。各项案例表明政府是生态产品的主要购买者。考虑到我国实际情况，政府可以通过税收调节的方式实现生态产品的价值转化达到拓宽补偿资金来源渠道的目的，同时要强化专项补偿的意识扩大生态补偿的试点范围并落实专项税款的使用。

内蒙古作为中国北方重要的生态安全屏障，其生态状况关系到整个北方地区的生态安全，所以在生态补偿制度方面更为严格。在借鉴其他地区经验的同时，内蒙古也形成部分独特的机制。内蒙古针对生态环境损害赔偿工作制定了专门的试行规定，明确了生态环境损害的定义、赔偿权利人、赔偿义务人、赔偿磋商、修复监督管理等工作流程和要求，这在其他省份可能没有如此详细和具体的规定。除此以外，内蒙古在生态保护补偿方面得到了中央和自治区财政的大力支持，累计统筹了大量资金用于黄河流域生态保护和高质量发展，这种大规模的财政支持力度在其他省份可能有所不同。在借鉴其他地区在生态补偿市场化机制方面经验的同时，内蒙古推动建立用能权、用水权、排污权、碳排放权等交易机制，并探索政府与社会资本合作开展生态补偿模式。

三、产业生态有机结合探索深层林草碳汇价值

（一）充分依托自然资源，实现生态产业化

贵州省凭借优良生态环境产生多种康养模式，形成"大生态＋森林康养"新型林业经济发展模式。贵州景阳森林康养基地依托良好的国有森林资源及二级综合医院的医疗及医护力量，以医养结合为特色，集康复保健、生态旅游、运动拓展、民俗体验于一体，除了提供必要的医疗服务外，还提供基于自身自然资源所独有的森林冥想空间、苗医中医药浴园等项目；依托贵州省温泉资源优势形成山地温泉型森林康养模式，针对不同人群推出各类温泉养生套餐。此外，积极探索生态与经济双赢的农旅融合型森林康养模式。开阳县水东乡舍国家森林康养基地依托森林资源，深挖水东生态文化、农耕文化等，以"大数据＋乡村生活＋康养体系"为理念，打造富有农旅特色的森林康养产品。实现了充分依托自然资源的生态产业化。生态资源是经济发展的重要基础，充分依托优势生态资源，将其转为经济发展的动力是生态产品价值实现的重要途径。内蒙古拥有大量的优质林草资源，要充分利用这些优势生态资源，除了利用肥沃草地以及独特地理位置发展生态种植养殖以外，也可以利用自然风光、动植物资源以及文化底蕴等发展生态旅游以实现生态产业化高质量发展。

（二）能动地发展特色优势绿色产业，实现产业生态化

瑞士在依托自身山地资源的基础上，大力发展旅游业，其旅游业收入占 GDP 的 6% 左右。但同时，瑞士也在根据自身产业优势，在充分保护生态环境的基础上，发展了具有技术含量高、附加值高、品牌效应明显等特点的机械金属、医药化工和钟表制造特色产业，三类特色产业分别占 GDP 的 10%、4% 和 3%。作为世界上最大的猪肉出口国的丹麦，为了解决猪养殖业带来的污染问题，采用生态化养殖，从饲料喂食—粪污处理—循环利用等环节综合解决养猪带来的环境问题，成为全球公认的养猪业标杆。生态产品价值的实现不仅要充分发挥生态资源优势，也要充分发挥人的主观

能动性发展特色、绿色经济。

　　除依托生态资源优势发展生态经济外，充分发挥人的主观能动性，根据自身特点因地制宜发展特色优势绿色产业是生态产品价值实现的另一个重要经验。对于内蒙古而言，更需要根据自身特点因地制宜发展特色优势绿色产业，对已有污染企业进行整治，着力推进产业绿色转型升级，强化节能减排，促进经济低碳发展，形成新的绿色经济增长点，才能更好实现林草碳汇产品价值。通过技术、工艺和设备的创新、引进，采用先进适用的清洁生产工艺、技术和高效末端治理设备，提高资源的综合利用效率，减少废弃物的排放。同时不断推广绿色设计和绿色制造，开发生产绿色产品，建立资源回收循环利用机制以实现绿色发展。另外可以根据地理、气候等因素进行产业转型，如呼伦贝尔作为冷都，极其符合大型数据中心建在高纬度，富能源地区的条件。同时可以将海拉尔大数据中心信息产业项目落户呼伦贝尔经济技术开发区，实现呼伦贝尔从煤炭等能源产业到绿色高科技的转型。

第三节　本章小结

　　本章深入探讨了林草碳汇产品价值实现的多种经典模式。这些模型包括了"碳汇＋"模式、碳票模式、碳金融模式以及政府生态补偿模式等。这些模式不仅丰富了碳汇产品的价值实现路径，也为碳市场的发展提供了新思路和新方法。通过对这些模式的概念、运作原理以及实际应用进行深入探究，可以从中汲取到许多有关林草碳汇价值实现的宝贵经验和启示。但是由于我国与其他国家国情、制度等方面的不同，内蒙古与其他地区地理条件、自然情况的差异，对于这些优秀经验的借鉴，需要根据实际情况进行调整。内蒙古在借鉴完善碳配额分配机制、丰富碳市场参与主体、丰富碳金融产品的通用经验下，还要基于自身地理位置的因素健全适合自身的政策、核算、认证体系与生态补偿制度。探讨经典模式、借鉴成功经验对内蒙古乃至整个中国林草碳汇产品价值实现有重要意义，也为探索实际林草碳汇产品价值实现的具体路径和对策建议奠定良好基础。

第七章　林草碳汇产品价值实现的
路径和对策建议

内蒙古是我国北方面积最大、种类最全的生态功能区，更是重要的生态安全屏障。据第八次内蒙古森林资源清查结果，内蒙古森林面积达 2050 万公顷，森林面积、森林蓄积量、草原面积分别占全国的 11.9%、8.7%、22.0%。内蒙古草地是我国草地资源最丰富的地区之一，草地覆盖面积约为全区面积的 73.4%，不仅是我国重要的畜牧业生产基地，且有生物多样性保护、防风固沙等不可取代的功能。内蒙古自然资源极为丰富，森林和草原的碳汇前景正受到企业、学者和政府广泛的关注，碳汇既是应对气候变化的一种有效途径，又对生物多样性保护、水源涵养、防风固沙和促进可持续发展等起到重要作用。通过对内蒙古林草碳汇产品价值实现路径与相关对策建议进行研究，以期为内蒙古高质量发展提供新路径。

第一节　林草碳汇产品价值实现的具体路径

内蒙古林草碳汇产品的价值实现措施需要从多维度挖掘，一方面，可以将林草碳汇产品与金融产品、生态项目、公益旅游等相结合创造多元交易渠道；另一方面，可以通过完善碳汇计量与多元化融资机制、加强林草碳汇信息平台建设、建立林草碳汇交易中介服务机制、降低林草碳汇市场的交易成本等措施扩大内蒙古林草碳汇的交易范围和渠道。总的来说，林草碳汇项目的实施一般需要经历六个阶段的准备工作。

第一是背景调研阶段，根据调研需求形成碳汇专家小组，进行自然、人文、社会等方面的调研，最终形成关于碳金融、自然和社会的调研评估报告以供资方评审；第二是实地调研阶段，根据林草碳汇项目的申请流程，编制实地调研进程安排和项目设计说明书，完成并提交申报造林还草设计方案、GIS 图库和实地质量评价报告。项目开发的需求方需要面向专业评估人员，经其依据林业或草原碳汇相关的方法学和规定，判断该项目是否合乎标准以及能否进行下一步的开发；第三是项目设计书提交阶段，在项目前期评估完成后，技术支持机构根据规定的格式和内容展开基准线识别工作进行项目设计，估算项目减排量。项目设计书应包括项目目标、内容、预期收益与实施过程等内容。林草碳汇项目的总体架构包括实施目标、组织架构和保障体系三个部分；第四是项目备案阶段，在通过项目审定和核证以后，国资委管理的央企可以直接向国家发展改革委提交项目备案申请，而其他的项目开发企业需要先获得省级林业部门出具的项目真实性证明文件，再向省级的发展改革委提交备案申请，最后在经过其审定以后向国家发展改革委提交申请，申请通过后即完成项目备案；第五是项目实施与监测阶段，完成项目备案以后，根据项目设计的内容和方法学开展相应的减排活动。与此同时，根据项目设计与项目监测计划进行监测活动，测量核证减排量，并完成下个阶段减排量核证所需的支持性文件的准备工作；第六是项目减排量核证阶段，项目减排量核证是指第三方核证机构根据国家自愿减排市场要求或者相关林业部门减排的具体要求对已审定项目进行审核验证。核证包括文件核证、现场核证、项目减排量的核证、项目变更后的审定等。

　　内蒙古地区林草资源分布不均，需要采取多效益、多层次、多主体参与的方式进行碳汇工作。"多效益"是指在实现经济利益时，还应兼顾经济、社会、生态的和谐发展。"多层次"是指项目发生在地方、国家或者国际的多层面上。"多主体"是指一个项目能够吸引更多的参与主体，从而提升项目执行的效率。内蒙古碳汇项目要实现高质量的管理体制、畅通的运作机制、健全的法制体系、完善的资金保障等多方面目标。在实施碳汇项目时，要明确各参与方的责任和义务，并保证不损害现有居民的权益（见图 7-1）。

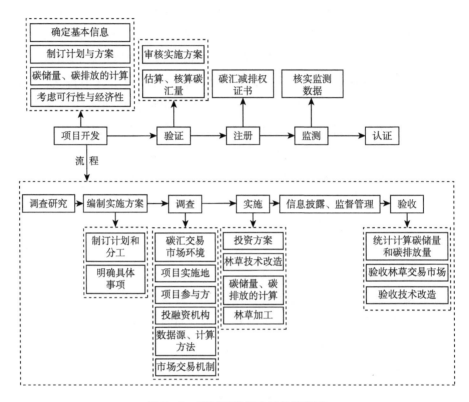

图 7-1　碳汇开发与交易的流程图

一、交易体系

林草碳汇交易市场由主体、客体和平台三大要素构成，完备的林草碳汇交易市场需要在交易主体、交易客体和交易平台方面进行详细的设计和规划，以确保市场的高效运作和可持续发展。林草碳汇市场的交易实质上是合同交易，交易主体包括了碳汇供给者、需求者和其他相关参与者。销售者（碳汇供给者）在通过销售林草碳汇获得收入的同时有义务将林草碳汇转交给购买者。而买家在通过认购碳汇取得碳汇所有权也应承担支付资金的义务。

（一）交易主体：林草碳汇市场的交易主体包括多种参与者

碳汇供给者是多样的，根据全球市场的经验，供给者分为两类：一类是没有强制性减排义务但却持有碳汇额度的供给者，其一般通过植树造林、再造林等活动来积累碳汇储备；另一类是既有减排义务又有碳汇额度的供给者，通过调整经济结构来优化碳汇储量来源。在强制性减排政策实施后，内蒙古碳汇供给由单一的第一类向第一第二类兼有转变。

（二）交易客体：林草碳汇市场的交易客体是碳汇服务产品

这些产品应该根据内蒙古的资源优势来设计以满足市场需求，如敕勒川草原碳汇、大兴安岭森林碳汇等。随着市场的发展与成熟，内蒙古碳汇市场应该考虑开发新的产品扩大市场份额以实现多元化。

（三）交易平台：交易平台作为市场运作的关键基础设施，在其建立和维护过程中政府发挥着重要作用

政府应积极推动碳排放储备，为碳排放提供资金、技术、政策支持和指导，并对企业的减排行为进行规制以确保碳排放市场的有序和稳定运行。政府应提供一个高度安全和透明的交易平台环境，使供应方和需求方能够安全公平地进行碳排放交易。此外，政府还应培育具有市场影响力的中介机构，包括认证、监督和咨询机构。这些机构在市场中扮演着关键角色，它们负责核查质量和数量，监督交易过程的合规性和透明度，并为供需双方提供市场交易信息，进行风险预测和未来发展趋势预测。通过完善内蒙古自治区的碳汇市场，树立国内碳交易平台的典范，国内碳交易得以实现常态化，并逐步与国际市场接轨。

二、具体路径

内蒙古林草碳汇的价值实现应以宏观调控为指导，以提升林草碳汇质量为堡垒，打造多元化开发和交易渠道。

（一）加强对林草碳汇价值的宏观调控

推进林草碳汇产品价值实现是我国新时期碳汇政策的主要内容，政府部门应为林草碳汇产品的开发与交易提供指导，为我国碳汇交易的健康发展提供政策支持。如完善顶层设计明确总体建设方案，制定相关的政策法规，规范交易行为，确保碳汇交易市场的公正、公开和透明；加速碳汇开发与交易的标准化体系建设，对碳汇项目的实施进行监督，确保碳汇交易的合规性和有效性；健全法律保障体系，推进植树造林、林草抚育与保护工作；完善生态补偿机制，减轻企业负担。

同时，林草碳汇是我国特有的自然资源，为保障林草碳汇交易的宏观管理与规划调控，保护已有的碳储量，建议对由国家发展改革委审批备案的林草碳汇项目进行统一管理，构建地区碳汇信息库。林草碳汇的存量变动，造林等林业经营活动所产生的碳汇量增加，以及林火、砍伐森林、腐朽等原因造成的碳汇量增加，均会对数据的精度产生影响。所以，应对碳汇数据库进行定期更新，并及时发布有关我国碳汇行业的有效信息，以达到合理计量和科学管理碳汇的目的，促进林草碳汇的公平交易，为我国林草碳汇产业的可持续发展提供数据支持。

（二）健全林草碳汇产品价值实现环境

林草质量是保障碳汇质量的基础，党的二十大报告提出了提升生态系统碳汇能力的重要任务，而内蒙古自治区作为我国林草资源丰富的地区，具有得天独厚的优势，应充分利用自治区的林草资源，通过生态工程项目增加林草碳汇量，推动森林和草原植被的建设与保护，提升林草碳汇的质量。同时，还应在退耕还林还草等基础上，加强森林草原的生态保护与修复工作，增加森林面积和蓄积量，提高林草碳汇的增量。为内蒙古林草碳汇产品价值实现奠定坚实基础。

（三）打造多维度开发方式和多元化交易渠道

林草碳汇价值的实现和长远发展离不开多维度的开发方式和多元化交易渠道。一方面，应加大对林草碳汇产品的多维开发，增加碳汇供应量，提高碳汇吸收率和储蓄量，提高碳汇质量和稳定性，促进碳汇技术的进步和发展，降低碳汇项目的建设和运营成本，为碳汇市场参与者提供更多、更好的选择；另一方面，还应通过多元化交易渠道增加市场交易方式的选择，降低碳汇交易的成本和风险，提高碳汇市场的流动性和活跃度，将林草碳汇转换成经济效益。

（四）推动林草碳汇产品的价值实现可从需求侧入手，推动需求侧改革

允许企业自主决定碳汇购买量和碳汇来源地，通过制度改革提升林草碳汇的社会需求。同时，以供给端为切入点进行产品设计创新，提升碳汇产品的供给能力，允许对有人为干预的森林进行碳汇开发和交易，无论是天然林还是人工林，天然草原还是人工草原，只要方法得当，均应允许进行碳汇的开发与交易等。在业态培育方面，应规划储备林全产业链，并推动第一、第二、第三产业以及上中下游产业的联动发展，制定准确、高效的抚育管护措施。同时，开发多种形式的碳中和项目，实施多元化的补偿机制。

（五）完善和创新生态补偿机制，推动生态保护与经济开发的协同发展

随着《生态保护补偿条例》的印发，我国开始探索建立健全能体现碳汇生态产品价值的生态保护补偿机制，森林生态效益的补偿资金从 2001 年的 10 亿元增长至 2020 年的 530 亿元，重点生态功能区转移支付从 2009 年的 120 亿元增长至 2020 年的 790 亿元。在此基础上，通过购买林草碳汇产品等方式实现生态环境损害补偿的司法碳汇生态补偿模式逐渐发展成型，引导环境破坏者认购碳汇项目代替生态修复，继续深化生态补偿制度改革，完善补偿机制，推动林草碳汇产品价值实现。

（六）推动林草碳汇产品金融化、产业化

促使金融资本与林草碳汇经济实体相结合，以碳金融资本活跃碳汇市场，使社会闲散资金流转至造林、减少毁林等行动上。同时将林草碳汇产品纳入产业运营，在标准化、规模化的生产管理下提高林草碳汇产品的质量。

第二节　推进林草碳汇价值实现的对策建议

一、加强林草碳汇开发交易的政策保障

（一）完善顶层设计

自治区政府部门一是要明确总体建设方案，在规范市场的交易规模、

交易流程的基础上探索交易机制并制定管理制度，加速林草交易标准化体系建设。二是要摸清碳汇家底，根据内蒙古林草资源现状以及现有的碳汇项目评估方法，对全区碳汇潜力进行综合评估，确保在计期内的碳汇项目在实施过程中进行五年一次的监测以保证碳汇数据真实可靠。三是要规范第三方核查机构，通过技术、计量、政策和法律等多种途径为碳汇交易提供技术、计量、政策以及法律等方面的服务。为了保证这类经营实体的科学性和公正性，林草局应当每 3 ~ 5 年对各经营实体进行一次核查。如果被认定为不符合认证标准的，有权中止或撤销其辅助机构资质。

（二）加强森林和草原的保护力度

林火、不合理采伐、病虫害等都会对林草生态系统碳汇造成不利影响，有关部门要在充分调研论证的基础上，完善和落实林草总量控制、林草保护、有害生物防治、林草人为污染治理等一系列保护措施，以保障林草资源的安全。严格控制商业砍伐，限定开采限额，最大程度地降低林草的消耗量和环境污染，使林草生态系统得到最大程度的保护，使其在生态文明建设中发挥最大程度的作用。

（三）完善生态补偿机制，切实解决我国林权制度改革中存在的碳汇产权的问题

林草部门要根据各地区国有林区和个体林农的不同特征，采取相应的措施保障碳汇经营者的合法权益。在此基础上建立起科学规范、严格管控、简单易行的林草碳汇管理制度，激励林农以林草碳汇的方式创收，实现林地和草地的最大效益。在林草碳汇交易发展初期，政府应当对林草碳汇项目进行财政补贴，同时，政府可通过购买林草碳汇来抵消基础设施建设过程中的碳排放量，也可将林草碳汇作为配额免费发放给强制性减排企业，从而降低企业的减排负担。在投资领域，政府可以通过对林业基础设施进行优化，对自治区林区和草原的生态旅游项目进行开发的方式来提高林业和森林资源的利用率，以此来推动林草碳汇的可持续发展。

二、提升内蒙古自治区林草碳汇潜力

（一）加大林草抚育力度，提升碳汇质量

内蒙古境内自东向西，自北向南分布着大兴安岭林区、宝格达林区、迪彦庙林区、克什克腾林区、罕山林区、茅荆坝林区、大青山林区、乌拉山林区、乌拉山森林、额济纳林区、贺兰山林区、额济纳林区。大兴安岭是内蒙古地区森林面积最大、储量最大、覆盖面积最大的地区，是我国重要的木材生产基地，其次是罕山林区。长期滥砍乱伐使内蒙古地区森林资源遭到严重破坏，各种森林生态系统也因此具有了脆弱性。在此情况下，应积极引导森林的抚育、疏伐等工作。中幼龄林的林分具有很大的密度，具有很好的碳汇功能，因此，在培育的过程中，要根据林种的特性、水土条件、树龄等不同特点，对林木的密度进行科学设计与调整以确保树木的生长发育，从而使林木的品质得到进一步的提高；我国草地碳储总量已接近 400 亿吨，在碳减排和碳中和中扮演着举足轻重的角色。但是近年来内蒙古草原荒漠化愈发严重，因此加大对草原的抚育力度，建立基本草地保护制度、实行草畜平衡制度、推行划区轮牧、休牧和禁牧制度是当前草地生态保护的新方向。

（二）强化森林草原管理，提升林草蓄积量

增加林草碳汇量的途径之一就是要加强林草管理。要全面推行网格化的森林管理制度，划分网格，落实各方职责，进行森林的精细科学管理以增加单位面积的蓄积量，增强森林的碳汇能力。在此基础上，进一步开展内蒙古地区的森林资源普查工作，全面了解当地森林资源的消耗和生长情况，为制定科学的决策提供可靠的依据；要严厉打击草地非法开垦和草地无序开采等违法行为。各地要及时组织有关部门，加强草地保护和建设利用密切相关的动态监测的工作力度，对草地生态环境的动态进行适时评估。为实现"责、权、利"和"管、建、用"的有机统一，必须加速推动草原确权和基本草原划定工作，明晰产权和使用权。同时，积极落实草原生态保育补助政策，根据草场承包面积以及生态修复效果，继续完善生态

147

补偿奖惩机制。

（三）做好"碳汇"宣传工作，提升内蒙古林草碳汇潜能

全球变暖的负面效应已为人们所熟悉，然而，目前关于林草碳汇功能的认知深度缺乏。因此，应加大林草碳汇的宣传力度，提高公众对林草碳汇重要性的认识程度，采取讲座、发放绿色减排宣传单、线上媒体宣传等多种形式大力宣传林草在生态文明建设中的重要性，增强社会各界对"双碳"的支持，倡导全民植树，倡导绿色、低碳的生活方式。

三、从多个维度开发林草碳汇价值

（一）林草碳汇 + 金融

首先，碳汇金融产品的创新是实现林草碳汇产品价值的重要手段，其开发项目应包括林草碳汇质押、预期收益权质押、碳资产回购、碳期货和碳期权等金融产品，这些金融产品的开发有助于提供资金支持给林草碳汇项目。同时，以碳汇产品为基础，探索推动碳汇与金融的融合发展，促进林草碳汇与相关金融机构合作，发行和运作金融产品，完善社会企业和个人参与开发利用碳汇金融产品的机制和平台，通过国有平台的发售、交易和回购，碳汇金融产品既能保值增值，又可用于碳抵消。其次，通过建立专业的碳汇计量机构，制定统一标准的碳汇计量方法，为碳汇交易和融资提供坚实基础。只有确保林草经营者的资金需求得到满足，才能保证林草生态系统碳储量的增长。针对寻求更为灵活有效的融资方式的目标，林草碳汇的金融创新将成为发展的新方向。林草碳汇具有较高的流动性为金融创新和资产证券化提供了基础。因此，基于林草碳汇价值的金融工具，如林草碳汇抵押贷款、林草碳汇债券、林草碳汇福利彩票等，将成为林草企业进行资金融通的重要途径。

（二）林草碳汇 + 公益项目

为了更有效地利用林草碳汇，相关部门可以考虑设立内蒙古碳中和专项基金。该基金旨在为内蒙古各社会团体和个人提供一个参与碳补偿、碳

足迹消减、碳信用积累和社会责任履行的公益平台。该基金将筹集的社会资本用于支持碳汇和碳足迹减少等公益项目，从而引导全社会共同参与减排增汇工作。同时，可以依托自治区内外的相关生态公益组织和平台，推进公益造林、碳汇项目的实施以促进社会资本的参与。这些举措将有助于创造更为良好的绿色低碳发展氛围，推动内蒙古自治区实现"双碳"目标。

（三）林草碳汇 + 生态旅游

林草碳汇是生态旅游发展的新动力。首先，内蒙古可将草原丝绸之路经济带上的"内蒙古故事"和林草碳汇相结合，打造"草原丝绸之路文化与碳汇"这一文化品牌，鼓励文旅企业建设与林草碳汇深度结合的绿色低碳旅游线路、产品。结合重点规划文旅项目建设与林草碳汇深度结合的生态旅游项目，同时学习甘肃省政府依托丝绸之路这一案例，设立展览、论坛、旅游节等多种文化交流方式，打造国际传播交流平台的经验。植树种草是林草碳汇的基础，可以增加植被覆盖率，创造更多生态位和增加生物多样性，有助于保护珍稀濒危物种，为生态旅游提供更加丰富的生态资源和创造更加健康的生态环境。其次，林草碳汇项目为当地生态旅游提供林业资源和资金基础，进而打造林业与健康养生融合发展的新业态，以优质的森林草原资源为依托，将现代医学与传统养生有机结合，开展森林草原康复、疗养、保健、休闲等一系列有益人类身心健康的生态旅游活动。最后，将"碳中和"与森林草原康养等概念结合，通过开展生态教育加深游客环境认知，丰富生态旅游形式，使人人都成为生态保护的践行者。景区碳汇林项目也能够提供就业岗位并带动当地社区参与，居民通过碳汇林项目，在提高自身收入的同时，自发维护当地林业生态环境，解决了生态旅游社区参与度低的问题。

四、从多元化角度拓展交易渠道

（一）加强林草碳汇信息平台建设

作为内蒙古林草碳汇产品价值实现的重要渠道，林草碳汇交易市场的构建迫切需要一个信息对称的共享平台。随着大数据技术的发展，林草碳汇信息化也呈现出智能化、网络化的发展趋势。在林草碳汇交易平台中，除了交易功能外，还能够建立一个环境咨询平台，同时还可以添加一些关于林草政策的信息，推进有关林草信息的收集工作，建立一个综合性的管理平台，为碳汇市场各方提供一个高效的沟通平台。

（二）建立林草碳汇交易中介服务机制

目前，内蒙古尚未形成完善的林草碳汇交易管理体系，也没有明确的标准化流程，与之相适应的林草管理体制、林草资产评估服务组织、林业草原管理经济仲裁组织等制度也尚未建立。这一切都限制了林草权利流转市场的发展，因此在林草碳汇交易的过程中，还需要解决很多与林草经营相关的问题。比如，林草经营的融资模式需要不断创新。

（三）降低林草碳汇市场的交易成本

完善的交易市场，其交易成本应该是低廉的，降低交易成本的策略如下：（1）规范合约。合约是碳排放交易的书面文件，记录了碳排放交易中的履约条款、权利义务、责任分配、风险提示、利益分配等。完善的合同可以有效地避免道德风险，提高交易中的信息透明度。很明显，减少交易费用与合同的标准化信息有着密切的关系，明确、合理的制度安排，可以最大限度地限制和保护买卖双方的合法权利，促进买卖的顺利进行。（2）简化手续。碳汇交易的特殊性表现在其计量、识别等方面都要求第三方进行严格而精确的操作。同时，碳汇交易的周期长、成本高的特点使得碳汇市场的交易费用居高不下。我国林草资源构成复杂，地域辽阔，树种种类繁多，鉴定费用高，程序繁琐，有资格进行碳汇计量认证的机构很少，这也增加了碳汇交易的难度。为此，内蒙古应根据自己的实际，建立科学的碳排放权交易程序，并借鉴国内外的经验，以达到减少碳排放交易成本的目的。（3）加大碳排放权交易的规模，实现碳汇交易的规模效益。经济学中的固定成本效应同样适用于碳汇市场的交易成本下降问题，碳汇交易的谈判费用与认证费用基本固定，因此巨额的交易量有利于碳汇市场形成规模经济效应，进而有效降低交易成本。（4）争取更多话语权。目前，我国林草碳汇项目众多供给者均为边远地区，其话语权薄弱、法制观念薄弱。因此，建立碳汇联盟和合作机构是非常重要的。在聚集大量的中小林草企业和林农后，合作组织的不断发展会使它的话语权得到进一步加强，从而使它在碳汇交易谈判中获得更大的筹码。同时，平台可以更好地促进和政府之间的沟通，保证碳汇计划的成功实施，减少交易的中间费用。

第三节　本章小结

林草碳汇产品的价值实现不仅关乎我国生态文明建设的进程，也是推动经济绿色发展的关键一环，特别是在内蒙古这样的林草资源丰富的地区。在林草碳汇项目的实施过程中，需要经历五个阶段：调研、项目设计书提交、项目备案、项目实施与监测、项目减排量核证。每个阶段都有特定的任务和要求，需要确保项目的合规性和有效性。在林草碳汇产品价值实现的具体路径方面，从多维度发掘林草碳汇价值，将其与金融产品、生态产品、公益旅游等相结合，并创造多元化的交易渠道，是实现林草碳汇价值的重要途径。完善碳汇计量与多元化融资机制、加强信息平台建设、建立交易中介服务机制、降低交易成本措施，也有助于扩大林草碳汇的交易范围和渠道。本章还提出推动林草碳汇价值实现的对策建议，在政策保障方面，应完善顶层设计、摸清碳汇家底、规范第三方核查机构等；通过加大抚育力度、强化管理、做好宣传等手段来提升林草碳汇潜力；从多个维度开发林草碳汇价值，与金融、公益项目、生态旅游等相结合；从多元化角度拓展交易渠道，加强信息平台建设、建立中介服务机制、降低交易成本等。

内蒙古林草碳汇产品价值实现是个系统工程，需要政府、企业和社会各界的共同努力，通过完善市场机制、创新金融产品和服务、加强信息平台等措施，推动内蒙古生态林草碳汇产品的可持续发展，为我国生态文明建设贡献力量。

第八章　研究结论与展望

第一节　研究结论

本研究结合外部性理论、可持续发展理论、公共物品理论和人地关系理论，基于林草碳汇核算量和价值量，以有效推动林草碳汇开发与交易为实践出发点，开展对林草碳汇产品价值核算与实现进行研究。据此，研究结论如下：

（一）林草碳汇产品价值实现的理论支撑

本研究论述了国际林草碳汇产品市场体系建设现状、国内林草碳汇产品市场体系实践探索以及林草碳汇产品价值实现存在的问题，并对我国林草碳汇产品价值实现的重要条件进行了阐述。我国林草碳汇产品价值实现的重要条件分为基本逻辑、核心机制和现实选择三个部分，其中，林草碳汇产品价值实现的基本逻辑由理论逻辑、制度逻辑、技术逻辑和实现路径四个部分组成，四个要素之间相辅相成，相互促进。理论逻辑对制度逻辑、技术逻辑和实现路径起指导作用；制度逻辑、技术逻辑和实现路径在理论逻辑的作用下也能反哺理论逻辑。基于以上对基本逻辑的阐述，得出林草碳汇产品价值实现的核心机制是由政府主导的林草资源市场化机制。在此机制中，先将森林和草原生态价值转化为经济价值，再借助市场手段兑现其交换价值，最终凭借政府与市场共同主导的生态经济循环实现林草碳汇产品价值。碳汇价值量评估的现实选择从国家与政府、碳汇产业链、第三方中介和社会与公众层面四个维度来考量，充分论证林草碳汇评估对国家、社会和民众的现实意义。

（二）内蒙古林草碳汇产品价值潜力巨大

本研究利用内蒙古不同盟市在不同时间点的林草面积、林草碳汇量、林草碳汇价值量、森林碳汇量密度及森林碳汇价值量密度作为研究对象，对内蒙古林草碳汇产品的价值进行核算研究与时空异质性分析。

首先是对内蒙古地区森林碳汇价值进行核算，分析统计了第八次全国森林资源清查周期和第九次全国森林资源清查周期的各盟市森林碳汇情况，分别对内蒙古东部地区、中部地区和西部地区的各盟市森林面积、森林碳汇量和森林碳汇价值量变化趋势进行分析。根据结果可以看出，在森林面积方面，2009—2018 年内蒙古森林面积虽然在中间年份出现过小幅波动，但整体呈稳定上升趋势。在森林碳汇量方面，研究时段内森林碳汇量呈增长趋势，并且在 2013—2014 年出现大幅度增长。在森林碳汇价值量方面，由于汇率波动原因，造成不同年份单位碳汇价格波动，但是不可否认在整个研究区间内蒙古森林碳汇价值量仍然呈现出增长态势。综上所述，在第八次全国森林资源清查至第九次全国森林资源清查周期中，森林面积和森林碳汇价值量在整个区间中存在小幅波动，但内蒙古森林面积、森林碳汇量以及森林碳汇价值量在整个计量区间呈现增长趋势。

其次是对内蒙古地区草原碳汇价值进行核算，分析统计了 2000—2021 年各盟市草原碳汇情况，具体结果如下：研究时段内内蒙古草原碳汇价值量呈现出下降态势，各盟市草原面积及草原碳汇量在期间存在波动但整体呈现下降趋势，主要表现为在 2000—2005 年有所上升，在 2005—2010 年有较为明显的下降，在 2010—2020 年保持波动。

最后是对内蒙古林草碳汇价值量的时空演变格局进行分析，具体表现为内蒙古森林碳汇价值量、各盟市森林碳汇价值量及森林碳汇价值量密度整体呈现出较为明显的增长特征。各盟市森林碳汇价值量和森林碳汇价值量密度在东西方向上均总体呈现出由东向西逐渐减少的趋势，但在南北方向上变化较为复杂，对于森林碳汇价值量，在内蒙古东部地区呈由北向南减少的变化趋势，在内蒙古中西部地区则呈由南向北减少的变化趋势；对于森林碳汇价值量密度，在内蒙古东部地区呈由北向南减少的变化趋势，在内蒙古中西部地区则没有明显的变化趋势。关于内蒙古草原碳汇在时空上的演变格局，2000—2007 年不同盟市的碳汇价值量异质性显著；2008—2014 年各盟市的草原碳汇价值均呈现出下降的趋势；2015—2021 年内蒙古草原碳汇量发展整体向好。内蒙古自治区各盟市的草原碳汇格局相对稳定。锡林郭勒盟的草原碳汇水平最高，其次是呼伦贝尔、鄂尔多斯、赤峰、乌兰察布、巴彦淖尔、通辽、包头、兴安盟、阿拉善和呼和浩特，依次递减，乌海市则呈现出最低的草原碳汇水平。

（三）林草资源碳汇价值实现路径有效

林草碳汇产品价值实现涉及生态环境、经济、社会和政策等多个方面，典型模式包括"碳汇＋"模式、碳票模式、碳金融模式和政府生态补偿模式等，形成了多层次的林业碳汇价值实现路径。借鉴欧美在碳额分配机制等方面的成功经验，结合我国及自治区的实际情况，提出了我国林草碳汇产品价值实现应借鉴的方向和措施：构建成熟的碳额分配机制，保证碳市场参与主体的多样性，发展丰富的碳金融产品，健全价值转化的法治、评估、认证体系等。

（四）林草碳汇价值核算方法科学准确

本研究以林草碳汇产品价值核算为视角，汇总林草碳汇产品价值实现的市场交易规则、价值评估与核算方法，阐明其在应对全球气候变化和实现"双碳"目标中的重要作用。内蒙古自治区拥有丰富的林草资源，是我国北方重要的生态安全屏障，在林草碳汇项目的实施过程中，需要经历五个阶段：调研、项目设计书提交、项目备案、项目实施与监测、项目减排量核证。内蒙古的林草碳汇量提升潜力巨大，现行的碳汇价值量核算方法体系是基于市场化机制运转的，在该核算体系中，首先运用改进的固碳速率法和最优价格法、碳税法等多种价格评估方法确定碳汇价格，其次完成对内蒙古的林草碳汇的实物量和价值量的核算，最后提出其相应的价值实现路径以及政策方面的建议：完善顶层设计、摸清碳汇家底、规范第三方核查机构等；与金融、公益项目、生态旅游等相结合；从多元化角度拓展交易渠道，加强信息平台建设、建立中介服务机制、降低交易成本等。

第二节 研究展望

林草碳汇产品价值核算与实现的理论及实证研究是基于真实性与可信性程度较高的数据进行的，大量数据的统计与分析可提供较为丰富的参数与指标来反映内蒙古自治区林草碳汇的数量和质量、影响碳汇价值变动的主要因素以及林草碳汇交易规制现状，利于多维度探析林草碳汇价值实现的实践路径。总览全文，不难发现，在研究过程中虽采用多种碳汇计量方法和评估模型，但由于现阶段缺乏统一的标准，计量方法和评估模型的选择会影响最终评估结果与其他地区的横向和纵向可比性；对内蒙古自治区林草碳汇进行时空演变分析时缺乏对多种影响因素的深入探讨。未来研究拟在保证结果准确性的前提下，进一步探索更适用于内蒙古林草碳汇核算的方法，并综合利用不同计量方法以提高核算的准确性，同时综合考虑多种因素对碳汇价值量的影响以建立更加完整和成熟的分析框架。

林草碳汇产品的价值实现过程是"绿水青山"向"金山银山"转化的过程。碳汇作为一种绿色且低成本的减排方式具有巨大潜力，森林和草原作为陆地生态系统中重要的组成部分，其碳汇经济价值的实现意义重大。目前学术界对森林碳汇研究较多，对草原碳汇的研究则尚处起步阶段；同时，缺乏从已具备的林草碳汇产品价值实现条件的角度去论证碳汇价值实现可行性的研究。本研究通过将森林碳汇与草地碳汇相结合，打破了以往仅对森林碳储量及碳汇进行核算或者仅对草地碳汇进行单维度研究的不足，同时填补草原碳汇研究的空白；并且通过对内蒙古林草碳汇价值量的核算，提出林草碳汇价值实现的实践路径，为推动林草碳汇产品价值实现提供实证与数据支撑，为内蒙古自治区逐步推进林草碳汇产品价值实现工作提供思路。但本研究是对该领域的一次尝试性探索，存在众多不足之处，期望今后能够从更多的维度去探讨林草碳汇价值实现的相关问题，提出更加灵活和可持续的发展策略，助力我国林草碳汇市场的健康发展。

参 考 文 献

[1] 杨智勇. 内蒙古生态旅游资源区划及其发展研究 [J]. 中国农业资源与区划, 2016, 37 (11): 205 - 213.

[2] 李怒云, 徐泽鸿, 王春峰, 等. 中国造林再造林碳汇项目的优先发展区域选择与评价 [J]. 林业科学, 2007 (7): 5 - 9.

[3] 张文娟, 哈斯巴根. 农牧民参与草原碳汇项目意愿的影响因素分析——以锡林郭勒草原牧区调查数据为例 [J]. 干旱区资源与环境, 2016, 30 (6): 19 - 24.

[4] 方精云, 陈安平. 中国森林植被碳库的动态变化及其意义 [J]. 植物学报, 2001 (9): 967 - 973.

[5] 马琪, 刘康, 张慧. 陕西省森林植被碳储量及其空间分布 [J]. 资源科学, 2012, 34 (9): 1781 - 1789.

[6] 曹扬, 陈云明, 晋蓓, 等. 陕西省森林植被碳储量、碳密度及其空间分布格局 [J]. 干旱区资源与环境, 2014, 28 (9): 69 - 73.

[7] 曹吉鑫, 田赟, 王小平, 等. 森林碳汇的估算方法及其发展趋势 [J]. 生态环境学报, 2009, 18 (5): 2001 - 2005.

[8] 高琛, 刘甲午, 黄龙生, 等. 遥感判读法在森林生态系统中的应用 [J]. 河北林业科技, 2014 (2): 50 - 51 + 78.

[9] 徐冰, 郭兆迪, 朴世龙, 等. 2000—2050 年中国森林生物量碳库——基于生物量密度与林龄关系的预测 [J]. 中国科学: 生命科学, 2010, 40 (7): 587 - 594.

[10] 黄宰胜, 陈钦. 基于造林成本法的林业碳汇成本收益影响因素分析 [J]. 资源科学, 2016, 38 (3): 485 - 492.

[11] 刘玉兴. 推进林业碳汇交易发展的思考 [J]. 绿色财会, 2016 (4): 3 - 7.

［12］佟帆．破解林业碳汇试点难题的几点思考［J］．北方经济，2021（3）：28－30．

［13］李帅帅，孙贞昌．西部地区森林碳汇碳抵消效果及发展潜力评价研究［J］．林业经济，2019，41（2）：74－78＋122．

［14］戴萍．内蒙古自治区增加森林碳汇的对策研究［J］．内蒙古林业调查设计，2013，36（4）：122－124．

［15］季雨潇，马军．内蒙古草原碳汇CDM项目发展研究［J］．内蒙古统计，2016（6）：36－38．

［16］周杰，韩国栋，王树森，等．论"双碳"战略下内蒙古自治区生态碳汇价值实现机制［J］．内蒙古农业大学学报（社会科学版），2022，24（5）：66－72．

［17］冯帅．论"碳中和"立法的体系化建构［J］．政治与法律，2022（2）：15－29．

［18］陈灿，杨帆．森林碳汇如何促进项目实施地区农民增收？［J］．中国西部，2021（1）：58－68．

［19］陈卓旋，高岚，周伟．农户参与碳汇林经营意愿的影响因素分析［J］．广东农业科学，2018，45（5）：151－158．

［20］王遥，刘楠．"双碳"目标下中国绿色金融发展实践、挑战及建议［J］．咨询与决策，2022，36（2）：1－9．

［21］龙飞，祁慧博．面向森林碳汇供给的企业减排路径选择机理与政策模拟［J］．生态学报，2020，40（21）：7966－7977．

［22］张彩燕．基于买方市场的森林碳汇价格形成机制分析——以北京市化工行业为例［J］．陕西林业科技，2017（1）：60－68．

［23］翁伯琦，王义祥．应对全球气候变化与低碳农业发展［J］．中共福建省委党校学报，2011（12）：88－92．

［24］邓雅芬．林业碳汇交易平台的法律定位及其完善［J］．长江大学学报（社科版），2016，39（3）：34－39．

［25］李佐军，俞敏．拓展碳汇市场交易，助力生态文明建设［J］．重庆理工大学学报（社会科学），2019，33（4）：1－6．

［26］杨博文，周鑫敏．协同减排下农林碳汇交易融资担保监管机制

研究 [J]. 商，2016（15）：196.

[27] 徐步朝，席敏. 基于云模型的林业碳汇质押贷款业务风险评价 [J]. 福建金融，2023（3）：31－38.

[28] 商婷婷，袁闽川，张亿艳，等. 商业银行金融支持林业碳汇融资思考——以三明为例 [J]. 林业勘察设计，2022，42（3）：71－74.

[29] 李丹，王馨瑶，李心仪. "双碳"目标下我国草碳汇交易的可行性及途径 [J]. 价格月刊，2022（10）：71－77.

[30] 杨玉坡. 全球气候变化与森林碳汇作用 [J]. 四川林业科技，2010，31（1）：14－17.

[31] 王雪红. 林业碳汇项目及其在中国发展潜力浅析 [J]. 世界林业研究，2003（4）：7－12.

[32] 郗婷婷，李顺龙. 黑龙江省森林碳汇潜力分析 [J]. 林业经济问题，2006（6）：519－522＋526.

[33] 刘加文. 应对全球气候变化决不能忽视草原的重大作用 [J]. 中国牧业通讯，2010（1）：12－14.

[34] 刘强，唐学君，王伟峰. "双碳"目标下我国林草碳汇经济的实现路径分析 [J]. 江西科学，2022，40（3）：596－600.

[35] 李雪敏. 森林碳汇资产价值核算实证研究 [J]. 内蒙古财经大学学报，2020，18（2）：76－81.

[36] 张颖，孟娜，姜逸菲. 中国森林碳汇与林业经济发展耦合及长期变化特征分析 [J]. 北京林业大学学报，2022，44（10）：129－141.

[37] 刘梅娟，朱嘉雯，裘应萍，等. 森林碳汇资产价值计量研究 [J]. 中国农业会计，2022（1）：50－54.

[38] 谢高地，李士美，肖玉，等. 碳汇价值的形成和评价 [J]. 自然资源学报，2011，26（1）：1－10.

[39] 刘凯旋，金笙. 国内森林碳汇市场交易定价方法比较研究 [J]. 农业工程，2011，1（2）：96－100.

[40] 李金昌，孔繁文，何乃蕙. 关于我国林价状况的分析及建议 [J]. 管理世界，1988（1）：158－174＋222.

[41] 方精云，郭兆迪，朴世龙，等. 1981—2000 年中国陆地植被碳

汇的估算 ［J］. 中国科学（D辑：地球科学），2007（6）：804 – 812.

［42］马文红，韩梅，林鑫，等. 内蒙古温带草地植被的碳储量 ［J］. 干旱区资源与环境，2006（3）：192 – 195.

［43］李海萍，李定恒，李豪. 贵州省退耕还林还草潜在碳汇效益核算 ［J］. 生态学报，2022，42（23）：9499 – 9510.

［44］王旭洋，李玉强，连杰，等. CENTURY模型在不同生态系统的土壤有机碳动态预测研究进展 ［J］. 草业学报，2019，28（2）：179 – 189.

［45］张佳宁，胡小飞，严佳欣，等. 森林生态产品价值实现的实践逻辑——基于扎根理论的多案例分析 ［J/OL］. 世界林业研究，1 – 12 ［2024 – 10 – 13］.

［46］仇晓璐，赵荣，陈绍志. 基于产业链理论的生态产品价值实现增值机理与推进路径探析 ［J/OL］. 世界林业研究，1 – 8 ［2024 – 10 – 13］.

［47］李怡，柯杰升. 生态产品价值实现与保护地农民共富——来自大熊猫栖息地的证据 ［J/OL］. 生态学报，2024（24）：1 – 12 ［2024 – 10 – 13］.

［48］李洋，吴婧. 京津冀地区生态产品价值实现潜力核算 ［J］. 生态经济，2024，40（9）：207 – 212.

［49］朱新华，贾心蕊. "权释"生态产品价值实现机制：逻辑机理与政策启示 ［J］. 自然资源学报，2024，39（9）：2029 – 2043.

［50］张盛，李宏伟，吕永龙，等. 可持续生态学视角下生态产品价值实现的思路 ［J/OL］. 中国人口·资源与环境，2024（6）：151 – 160 ［2024 – 10 – 13］.

［51］谢花林，刘琼，陈彬，等. 国家公园生态产品价值实现——基本逻辑、核心机制与典型模式 ［J］. 经济地理，2024，44（8）：158 – 169.

［52］李灿，马童宇. "资源—资产—资本"视角下乡村生态产品价值实现——基于海口施茶村的田野调查 ［J］. 自然资源学报，2024，39（8）：1940 – 1955.

［53］陶德凯，张子建，周文莉，等. 基于外部效益内部化的生态产品价值实现理论框架 ［J］. 生态学报，2024，44（16）：7006 – 7019.

[54] 高攀，诸培新. 生态产品价值实现驱动机制研究——基于 37 个典型案例的 fsQCA 分析 [J]. 中国土地科学，2024，38（5）：114 - 124.

[55] 王晓圆，谭荣. 基于行动情景网络分析的生态产品价值实现治理体系研究——以丽水市为例 [J]. 生态学报，2024，44（14）：6130 - 6141.

[56] 唐承财，刘嘉仪，秦珊，等. 国家公园生态产品价值实现的机制及模式——以神农架国家公园为例 [J]. 生态学报，2024，44（13）：5786 - 5800.

[57] 金志丰，张晓蕾，陈诚. 自然资源管理创新助力生态产品价值实现：关键环节与实施路径 [J]. 中国土地科学，2024，38（4）：1 - 10.

[58] 于法稳，林珊，孙韩小雪. 共同富裕背景下生态产品价值实现的理论逻辑与推进策略 [J]. 中国农村经济，2024（3）：126 - 141.

[59] 李致远，谢花林. 我国森林资源生态产品价值实现的基本逻辑、核心机制与模式 [J]. 生态学报，2024，44（12）：5351 - 5366.

[60] 张颖，张子璇. 中国森林碳汇生产总值核算及分析 [J]. 中国国土资源经济，2023，36（8）：28 - 34 + 41.

[61] 欧阳曦，邓华. "碳达峰碳中和" 背景下林业碳会计核算的研究 [J]. 生产力研究，2022（7）：155 - 160.

[62] 张颖，潘静. 森林碳汇经济核算及资产负债表编制研究 [J]. 统计研究，2016，33（11）：71 - 76.

[63] 周健，肖荣波，庄长伟，等. 城市森林碳汇及其核算方法研究进展 [J]. 生态学杂志，2013，32（12）：3368 - 3377.

[64] 于鲁冀，张亚慧，王燕鹏，等. 河南省森林碳汇价值时空特征及其影响因素 [J]. 水土保持通报，2023，43（5）：288 - 296.

[65] 董一鸣，孙博文，徐琳瑜. 森林生态效益补偿优先级机制研究及应用——基于碳汇总量与变化量视角 [J]. 生态学报，2024，44（5）：1892 - 1903.

[66] 蒙平珠，王文棣，吴玉泽. "双碳" 背景下甘肃省森林碳汇经济价值估算研究 [J]. 生产力研究，2023（6）：55 - 59.

[67] 付伟，李龙，罗明灿，等. 省域视角下中国森林碳汇空间外溢效应与影响因素 [J]. 生态学报，2023，43（10）：4074 - 4085.

［68］许骞骞，曹先磊，孙婷，等．中国森林碳汇潜力与增汇成本核算——基于 Meta 分析方法［J］．自然资源学报，2022，37（12）：3217 - 3233.

［69］张玉民，李岩，王宁，等．充分挖掘草原碳汇功能助推经济社会和谐发展［J］．新农民，2024（3）：73 - 75.

［70］闫晖，修长柏．基于期权定价理论的草原碳汇价值核算——以内蒙古四子王旗为例［J］．干旱区资源与环境，2014，28（11）：31 - 36.

［71］杨小杰，杜受祜．碳汇贸易的补偿机制研究——以川西北草原碳汇项目为例［J］．西南民族大学学报（人文社会科学版），2013，34（1）：162 - 165.

［72］邹寅寅，陈永冬，尹小莉．金融支持林草碳汇路径及创新策略研究［J/OL］．华北金融，2024（6）：47 - 56 + 82［2024 - 10 - 13］.

［73］李青，苟丽晖，郑芊卉，等．林草碳汇产品价值实现路径及对策研究［J］．林草资源研究，2023（6）：18 - 26.

［74］孙梦，邱婷，叶建波，等．林草碳汇价值实现路径分析与对策研究［J］．绿色科技，2024，26（1）：239 - 244.

［75］张敬德，孙天宇．探索碳普惠机制创新内蒙古林草湿碳汇价值实现路径［J］．北方经济，2023（9）：23 - 25.

［76］黄占兵．创新发展绿色金融助力内蒙古林草资源碳汇价值实现［J］．北方经济，2023（8）：25 - 27.

［77］黄占兵．推进林草碳汇发展为内蒙古建设我国北方重要生态安全屏障贡献力量［J］．北方经济，2023（2）：21 - 23.

［78］李俊琴，蔺小娟．乌拉特中旗林草碳汇生态产品价值实现途径的调查研究［J］．内蒙古科技与经济，2023（1）：82 - 85.

［79］李冬青，张明雪，侯玲玲．生态产品价值实现模式应用场景及其运行机制——基于典型案例文本数据的实证分析［J］．生态学报，2024，44（7）：2826 - 2836.

［80］于绪文，曹春玲，华立鸣，等．推进生态产品价值实现的几点建议——关于生态产品价值实现典型模式的调研报告［J］．中国生态文明，2023（Z1）：116 - 118.

［81］谢花林，陈倩茹. 生态产品价值实现的内涵、目标与模式［J］. 经济地理，2022，42（9）：147－154.

［82］常笑. 生态产品价值实现路径探讨［J］. 中国土地，2021（1）：31－33.

［83］张昕雨，石小亮. 林业碳汇交易机制对草原碳汇发展的借鉴研究——以内蒙古大兴安岭国有林区为例［J］. 林业科技，2020，45（6）：48－54.

［84］Zhang K，Zhang Z，He J，et al. Re－evaluating winter carbon sink in Southern Ocean by recovering MODIS－Aqua chlorophyll－a product at high solar zenith angles［J］. ISPRS Journal of Photogrammetry and Remote Sensing，2024，218（PA）：588－599.

［85］Fasihi M，Portelli B，Cadez L，et al. Assessing ensemble models for carbon sequestration and storage estimation in forests using remote sensing data［J］. Ecological Informatics，2024：83，102828－102828.

［86］Wang L，Chen L，Long Y，et al. Spatio－temporal evolution characteristics and spatial spillover effects of forest carbon sink efficiency in China［J］. Environment，Development and Sustainability，2024，（prepublish）：1－33.

［87］Ranjan R. Balancing greenwashing risks and forest carbon sequestration benefits：A simulation model linking formal and voluntary carbon markets［J］. Forest Policy and Economics，2024：168，103317－103317.

［88］Pan Y，Birdsey A R，Phillips L O，et al. Author Correction：The enduring world forest carbon sink［J］. Nature，2024，（prepublish）：1－1.

［89］Alessia B，Giorgio A，Roberta B，et al. The largest European forest carbon sinks are in the Dinaric Alps old－growth forests：comparison of direct measurements and standardised approaches.［J］. Carbon balance and management，2024，19（1）：15－15.

［90］Vilkov A，Tian G. Efficiency Evaluation of Forest Carbon Sinks：A Case Study of Russia［J］. Forests，2024，15（4）.

［91］Moon T，Kim M，Chon J. Adaptive green space management strategies for sustainable carbon sink parks［J］. Urban Forestry & Urban Greening，

2024, 97.

[92] Qiao D, Zhang Z, Li H. How Does Carbon Trading Impact China's Forest Carbon Sequestration Potential and Carbon Leakage? [J]. Forests, 2024, 15 (3).

[93] Hu T, Yang T, Dindoruk B, et al. Investigation the impact of methane leakage on the marine carbon sink [J]. Applied Energy, 2024, 360.

[94] Siting C, Cuiling Y, Nan W, et al. Cross - efficiency aggregation based on interval conditional entropy: An application to forest carbon sink efficiency [J]. Journal of Intelligent & Fuzzy Systems, 2024, 46 (2): 4397 - 4415.

[95] Sun S, Zhong J, Qi X. Research and management improvement of forest carbon sequestration [J]. Academic Journal of Environment & Earth Science, 2023, 5 (3).

[96] Shuifa K, Zhao Z, Yumeng W. China's forest carbon sinks and mitigation potential from carbon sequestration trading perspective [J]. Ecological Indicators, 2023, 148.

[97] Yeping H, Yayun R. Can carbon sink insurance and financial subsidies improve the carbon sequestration capacity of forestry? [J]. Journal of Cleaner Production, 2023, 397.

[98] Tu W, Wang W, Liu P Q, et al. Environmental risks from tourism carbon emissions in China [J]. Environment, Development and Sustainability, 2023, 26 (10): 25049 - 25069.

[99] Huipeng X, Shijie W, Xiaoyong B, et al. The responses of weathering carbon sink to eco - hydrological processes in global rocks [J]. Science of the Total Environment, 2021, 788 (1): 147706.

[100] I. D M A, E. S C, Katherine R, et al. Resolving ecological feedbacks on the ocean carbon sink in Earth system models [J]. Earth System Dynamics, 2021, 12 (3): 797 - 818.

[101] Briac M, Gérard P, Miguel M Á, et al. Sizing the carbon sink associated with Posidonia oceanica seagrass meadows using very high - resolution seismic reflection imaging [J]. Marine Environmental Research, 2021, 170.

［102］ F. Y, Y. J, K. P. P. Farmers' Willingness to Participate in Forest Management for Carbon Sequestration on the Sloping Land Conservation Program in China ［J］. International Forestry Review, 2021, 23 (2): 244 – 261.

［103］ Anne H, Andreas H, Felix P, et al. Carbon Sequestration in Mixed Deciduous Forests: The Influence of Tree Size and Species Composition Derived from Model Experiments ［J］. Forests, 2021, 12 (6): 726 – 726.

［104］ Yincai X, Fen H, Hui Y, et al. Role of anthropogenic sulfuric and nitric acids in carbonate weathering and associated carbon sink budget in a karst catchment (Guohua), southwestern China ［J］. Journal of Hydrology, 2021, 599.

［105］ A. J W, Alessandro B, Mary F, et al. Author Correction: Disturbance suppresses the aboveground carbon sink in North American boreal forests ［J］. Nature Climate Change, 2021, 11 (7): 634 – 634.

［106］ Roberto P, Matteo V, Gherardo C. Combined effects of natural disturbances and management on forest carbon sequestration: the case of Vaia storm in Italy ［J］. Annals of Forest Science, 2021, 78 (2).

［107］ N. L, Waliur R, Mohd T, et al. Deep water circulation in the Arabian Sea during the last glacial cycle: Implications for paleo – redox condition, carbon sink and atmospheric CO_2 variability ［J］. Quaternary Science Reviews, 2021, 257.

［108］ Andrade V M, Miranda B A S, Natália A D, et al. The carbon sink of tropical seasonal forests in southeastern Brazil can be under threat ［J］. Science advances, 2020, 6 (51).

［109］ Liao E, Resplandy L, Liu J, et al. Amplification of the ocean carbon sink during El Nios: role of poleward Ekman transport and influence on atmospheric CO2 ［J］. Global Biogeochemical Cycles, 2020: e2020GB006574.

［110］ Gabriel P. Sizing up a green carbon sink ［J］. Science (New York, N. Y.), 2020, 369 (6511): 1557 – 1557.

［111］ Yin L, Min T, Yaping F, et al. Correction to: Common metabolic networks contribute to carbon sink strength of sorghum internodes: implications for bioenergy improvement ［J］. Biotechnology for biofuels, 2019, 12 (1): 286.

［112］ Economics – Forest Economics; New Forest Economics Findings Reported from University of Wisconsin (From Source To Sink: Past Changes and Model Projections of Carbon Sequestration In the Global Forest Sector) ［J］. Agriculture Week, 2019, 192.

［113］ Per G, E. E T, Thomas L N, et al. Old – growth forest carbon sinks overestimated ［J］. Nature, 2021, 591 (7851): E21 – E23.

［114］ Anonymous. What Is a Forest Carbon Sink? ［J］. American Forests, 2020, 126 (3): 14 – 14.

［115］ Gabriel P. Sizing up a green carbon sink ［J］. Science (New York, N. Y.), 2020, 369 (6511): 1557 – 1557.

［116］ Scholze M, Kaminski T, Knorr W, et al. Mean European Carbon Sink Over 2010—2015 Estimated by Simultaneous Assimilation of Atmospheric CO_2, Soil Moisture, and Vegetation Optical Depth ［J］. Geophysical Research Letters, 2019, 46 (23): 13796 – 13803.

［117］ Global Environmental Change; Reports on Global Environmental Change from Weizmann Institute of Science Provide New Insights (Evidence for large carbon sink and long residence time in semi – arid forests based on 15 – year flux and inventory records) ［J］. Ecology Environment & Conservation, 2019.

［118］ Haining Y, Lijuan W, Shejun D, et al. Research and Exploration of Ecological Highway Carbon Sequestration Forest Methodology ［J］. IOP Conference Series: Earth and Environmental Science, 2019, 384012140 – 012140.

［119］ M J C, Weimin J, Philippe C, et al. Vegetation structural change since 1981 significantly enhanced the terrestrial carbon sink ［J］. Nature communications, 2019, 10 (1): 4259.

［120］ Ning W, Caiyao X, Fanbin K. Value Realization and Optimization Path of Forest Ecological Products—Case Study from Zhejiang Province, China ［J］. International Journal of Environmental Research and Public Health, 2022, 19 (12): 7538 – 7538.

［121］ Zhao Z, Xiong K, Ying B, et al. A Review of Eco – Product Value

Realization and Eco – Industry with Enlightenment toward Village Ecosystem Service in the Karst Desertification Control ［J］. Sustainability, 2024, 16 (11).

［122］ Yao Q, Liu J, Sheng S, et al. Does eco – innovation lift firm value? The contingent role of institutions in emerging markets ［J］. The Journal of Business & Industrial Marketing, 2019, 34 (8): 1763 – 1778.

［123］ Ning W, Caiyao X, Fanbin K. Value Realization and Optimization Path of Forest Ecological Products—Case Study from Zhejiang Province, China ［J］. International Journal of Environmental Research and Public Health, 2022, 19 (12): 7538 – 7538.